你是我永遠的朋友

你是我永遠的朋友
──47個不可思議的動物友情故事

作　　者：珍妮佛・S・霍蘭
翻　　譯：周沛郁
責任編輯：黃正綱
美術編輯：徐曉莉

發 行 人：李永適
副總經理：曾蕙蘭
版權經理：彭龍儀
出 版 者：大石國際文化有限公司
地　　址：台北市羅斯福路4段68號12樓之27
電　　話：（02）2363-5085
傳　　真：（02）2363-5089

2012年（民101）3月初版
定價：新台幣280元
本書正體中文版由 Workman Publishing
授權大石國際文化有限公司出版
ISBN：978-986-88136-0-1（平裝）
＊ 本書如有破損、缺頁、裝訂錯誤，請寄回本公司更換

總代理：大和書報圖書股份有限公司
地　　址：新北市新莊區五工五路 2 號
電　　話：（02）8990-2588
傳　　真：（02）2299-7900

國家圖書館出版品預行編目（CIP）資料

你是我永遠的朋友 ── 47個不可思議的動物
友情故事 / Unlikely Friendships
珍妮佛・S・霍蘭－初版
周沛郁 翻譯
－ 臺北市：大石國際文化，民101.03
224頁；17.8×20.3公分
譯自：Unlikely Friendships
ISBN：978-986-88136-0-1（平裝）

UNLIKELY FRIENDSHIPS

First published in the United States under the title:
UNLIKLEY FRIENDSHIPS: 47 Remarkable Stories
from the Animal Kingdom

你是我
永遠的朋友

47個不可思議的動物友情故事

作者：珍妮佛・S.・霍蘭（Jennifer S. Holland）

大石文化 Boulder Publishing

WORKMAN PUBLISHING · NEW YORK

「二人同睡，就都暖和；
一人獨睡怎能暖和呢？」

——傳道書4:11

目錄 CONTENTS

一隻小獅子和法國鬥牛犬在英國的特懷克羅斯動物園一起喝東西。

前言

我丈夫約翰這輩子的第一個好朋友，是一隻浣熊。當時約翰才十歲，有一隻流浪貓把像顆小毛球的浣熊寶寶丟在鄰居的靴子裡，約翰便當起了牠的保母，把牠捧在手中，用滴管把牛奶滴到牠嘴裡餵牠，晚上把牠放進鋪了毛毯的盒子裡睡覺，旁邊擺了一只會發出滴滴答答聲音的時鐘，模擬浣熊媽媽的心跳。約翰替牠取了個名字叫「土匪」，浣熊長大以後，到哪兒都跟著他——約翰去上學也跟、吃飯也跟，甚至連洗澡也跟。約翰騎腳踏車時，土匪會坐在約翰肩膀上，小手抓著他衣領，小臉迎著風，兩個就這樣在大街上飛馳。睡覺時，浣熊蜷臥在約翰的枕頭上，在他耳邊輕聲訴說著牠的動物夢境。男孩和浣熊之間的關係，只能用友誼這個詞來形容。

人類和動物建立起密切的關係，並不是什麼不尋常的事。美國有超過半數的家庭飼養動物，每年花在動物身上的金額

超過400億美元。研究發現，和動物相處能降低血壓，減輕憂鬱，安撫老化造成的心理與生理不適——動物豐富我們生命的方式多不勝數。

比起人類與寵物的關係，在人類之外，不同種的動物如狗和驢子、貓和鳥、綿羊和大象之間產生情誼是比較少見的，而且乍看之下也比較令人驚訝。這種現象最常發生在豢養的動物身上，部分原因是當牠們有這種行為時比較容易被人發現。不過威廉與瑪麗學院的生物學家與靈長類專家芭芭拉・金恩（Barbara King）指出，另一個原因是豢養的動物所受的約束較少，不需要經常為牠們的基本需求拼鬥——所以牠們的情緒能量得以流向其他地方。當然在野地中也會發生跨物種的情誼。金恩說：「最重要的是，我們知道動物無論在何種環境下都有這種能力。」

不過，並非所有的科學家都覺得可以用「友誼」來稱呼動物之間這種養育或保護關係。靈長類學家法蘭斯・德瓦爾（Frans de Waal）在《移情的年代》（The Age of Empathy）一書中寫道，許多年來，「動物都是被當成機器來描述，研究動物行為就要發展出一套無關人性意涵的術語。」他本人因為把人類特質用在動物身上而飽受批評；批評他的生物學家相信，「科學上不容許出現擬人化的奇聞軼事。」

而另外一些人，雖然不那麼反對將以人為出發點的觀念套在其他動物身上，但也相信我們並不知道那些「朋友」對自己的行為有多少自覺。不過行為學家也認為，若斷言牠們完全沒有自覺，又太過極端了。知名的靈長類學家珍・古德一直把她和野生黑猩猩之間的關係視為友誼，近期她在《國家地理》雜誌的專訪中告訴我：「只要你是以有意義的方式和動物分享生命，你就不可能不知道牠們的性格是彼此不同的。牠們的能力和情緒與人類相近嗎？絕對是的。」

　　科羅拉多大學的演化生物學家馬克・貝克夫（Marc Bekoff）寫過大量研究動物感知的論文，他以達爾文式的口吻解釋道：「演化的連續性這個源自查爾斯・達爾文的觀念，強調人類和其他動物之間的差異是程度上的，而不是本質上的。這個觀念也適用於情感。人和動物在身體上有許多相同的系統，包括情感的根源——大腦邊緣系統。因此如果人類有喜悅、悲傷，動物一定也有。不會是一模一樣的喜悅或悲傷，不過其間的差異並不是黑與白的差異，而只是不同深淺的灰。」貝克夫說，我們覺得被人養育或養育別人的感覺很好，那麼不同物種之間的養育又何嘗不是？

　　這本書所談的就是「感覺很好」這件事。世界各地都有不同動物出人意料地湊成一對的例子，書中的故事只是一小部分。其

中最常出現的角色當然就是狗了：有一隻狗成了小松鼠的媽媽、一隻公狗帶著一隊小雞到處走，還有一隻狗和一頭象變成好兄弟。不過我特地選了各式各樣的動物當例子，以表示這是一種廣泛存在的現象。我知道我們無法確切解釋究竟是什麼樣的東西在維繫這些非人類的同胞之間的情感，我用友誼這個詞來稱呼牠們的關係，只是假設其中必有和人類的經驗相仿之處。對我來說，最簡單的友誼就是向一個對象尋求慰藉或陪伴，以改善自己的人生經驗。即使只是短暫的友情也有助益。書中所有案例中的動物在找到彼此之後，可以說都比以前過得更好──變得更有自信、身體更強壯、心情更開朗。

　　雖然我的焦點放在人類以外的跨物種情誼，但在調查過程中，我也發現許多人類與動物之間的奇妙故事。這個主題可以另外寫一本書，不過我還是選了其中我最喜歡的幾個例子收錄進來。

　　不一樣的動物為什麼會湊成一對？生物學家常常發現，這對其中一方或雙方有明顯的好處，例如防備捕食者、清除寄生蟲、取暖、覓食等方面。科學家稱這樣的關係為片利共生或互利共生。而書中的案例不是這麼簡單明瞭。有些是其中一方扮演了親職或保護的角色，可能只是出於本能。有些則找不到合理的解釋。只能說，或許不是只有人類需要好朋友吧。

作者在澳洲和一隻藍身大斑石斑魚交朋友。

　　至於人性，就是看到猩猩抱著小貓，或是小狗用鼻子去磨蹭一隻豬的時候，會打從心底「噢」的一聲，覺得牠們可愛得不得了。我們天生會被柔軟、惹人憐愛的東西感動（我們之所以經得起照顧新生兒的壓力，這是其中一個原因）。但這種吸引力還有更深刻的地方，芭芭拉・金恩說：「我相信人類渴望的不只是可愛的例子，也不只是容忍的例子——人類渴望的是真正的同情與分享。這些故事能幫我們觸及自己內心最良善的一面。」

非洲象與綿羊

非洲象信巴才六個月大，就經歷了喪親之痛。當時牠和母親跟著象群穿越牠們居住的南非自然保護區，母親失足墜崖了。那個年紀正是建立母子關係的關鍵期，獸醫希望象群中有其他母象能收養這頭小象，但沒有母象出面。於是牠們決定從大象之外的動物，找個代理父母來幫助信巴。

南非東開普省的聖瓦里野生動物復育中心（Shamwari Wildlife Rehabilitation Center）曾經成功地把一頭沒了媽媽的犀牛和綿羊養在一起。因此野生動物管理員將信巴送到復育中心，然後向附近的農場借了一隻叫亞伯特的綿羊，希望能獲得一樣的成功。

為什麼選綿羊呢？綿羊看起來好像腦袋不是很靈光，但實際上牠們的智能僅次於豬，而豬是相當聰明的。綿羊認得出長

非洲象
(AFRICAN ELEPHANT)
界：動物界（ANIMALIA）
門：脊椎動物門（CHORDATA）
綱：哺乳綱（MAMMALIA）
目：長鼻目（PROBOSCIDEA）
科：象科（ELEPHANTIDAE）
屬：非洲象屬（LOXODANTA）
種：非洲象（L. AFRICANA）

期接觸的動物個體，能從臉部表情分辨出對方情緒，見到各種動物，只要是熟面孔，就會有情緒反應。因此牠們比較可能和別種動物建立關係──尤其是和大象；毫無疑問大象是聰明、善於表達、重度依賴社會聯繫的動物。

　　話雖如此，要把這兩種動物湊成一對，起初並不順利。一開始讓牠們接觸的時候，信巴還在水塘邊追著亞伯特跑，一面搧著大耳朵、豎著尾巴，好讓自己盡可能顯得巨大又嚇人。亞伯特出於綿羊的本能，逃之夭夭，每次一躲就是幾個鐘頭。經過三天充滿戒心的試探和小心翼翼的接觸之後，牠們倆終於接納了彼此，後來的結果也證明了初遇時的緊張過程是非常值得的。

　　復育中心的野生動物主任約翰・喬伯特博士說：「我還記得亞伯特第一次跑去吃信巴正在吃的那棵樹的葉子那一天。牠們開始窩在一起睡覺的時候，我們知道牠們的關係真的建立起來了。說實在的，我們還擔心信巴會不小心壓扁亞伯特呢！」

　　關係穩定之後，小象和綿羊成了形影不離的朋友。牠們一起打盹，一起鬼混；兩個一起在圍欄

綿羊
（DOMESTIC SHEEP）
界：動物界（ANIMALIA）
門：脊椎動物門（CHORDATA）
綱：哺乳綱（MAMMALIA）
目：偶蹄目（ARTIODACTYLA）
科：牛科（BOVIDAE）
屬：羊屬（OVIS）
種：羊（OVIS ARIES）

裡探索或找點心吃的時候，信巴會把長鼻子搭在亞伯特毛茸茸的背上。管理員滿以為信巴會模仿年紀較大的亞伯特，結果卻是綿羊成了學人精，甚至學著吃起了信巴最愛的金合歡樹葉——這種帶刺的植物可不是綿羊平常會吃的東西。

　　約翰·喬伯特和他的工作人
員一直打算把信巴重新帶回牠
出生的保護區，讓牠和家族一起
生活，但就在準備野放期間，信
巴得了腸扭結，最後獸醫未能將
牠救活。牠原本可能有70歲的壽
命，卻在兩歲半就離開了世界。

　　復育中心的工作人員心痛不
已，幸好亞伯特後來又和保護區
的小斑馬和牛羚建立起跨物種
的友誼。

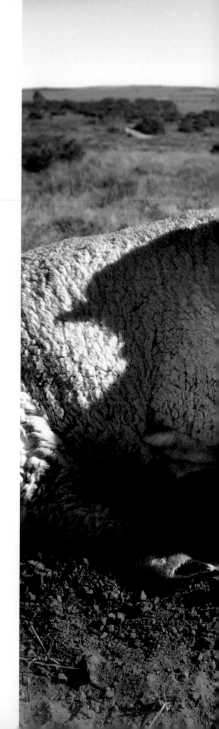

亞洲黑熊和黑貓

這兩種黑黑亮亮的哺乳類都長了一對尖翹的耳朵，態度老成持重，表面上看起來簡直是系出同門的動物。然而貓毛柔細，亞洲黑熊的一身毛則是又粗又密，兩種動物在DNA上並沒有什麼共同之處。和貓比起來，狗和熊的親緣關係還比較近一點。因此將貓兒「咪咪」和名叫「小老鼠」的黑熊湊成一對的並不是血緣，而是別的東西。

在小老鼠住了超過40年的柏林動物園，沒人知道咪咪是哪裡來的。館長海納‧克勞斯說：「2000年的時候，我們突然發現牠住在黑熊的圍欄裡，而且和這位老女士成了朋友。兩種沒有親緣的肉食動物形成這種關係是非常罕見的，遊客很愛看牠們在一起。」

家貓
（DOMESTIC CAT）

界：動物界（ANIMALIA）
門：脊椎動物門（CHORDATA）
綱：哺乳綱（MAMMALIA）
目：食肉目（CARNIVORA）
科：貓科（FELIDAE）
屬：貓屬（FELIS）
種：家貓（FELIS CATUS）

小老鼠是目前已知年紀最大的母亞洲黑熊。亞洲黑熊是中型熊，生活在森林裡，在自然界的棲息範圍包括阿富汗部分地區、喜馬拉雅山區、東南亞大陸、俄羅斯遠東地區和日本。小老鼠的一生都在圈養環境中，受到良好的照顧。每天都可以看到牠伸長了四肢懶洋洋地賴在乾草床上，咪咪就在牠旁邊；或者牠們一起躺在太陽下，享受白天的溫暖。吃東西時，牠們平分生肉、死老鼠和水果。有一段時間因為熊舍翻修，兩個見不到面，那

時貓似乎很煩惱，總是在附近等著，直到和小老鼠重逢為止。動物園員工看過牠們在一起時滿足的模樣，因此也鼓勵牠們再度相聚。

　　咪咪可以隨心所欲地進出圍欄，「但牠都會回到這頭老母熊身邊。」克勞斯說。這段不尋常的友誼已維持了十年之久，至今仍然沒有分開的跡象。

亞洲黑熊
（ASIATIC BLACK BEAR）
界：動物界（ANIMALIA）
門：脊椎動物門（CHORDATA）
綱：哺乳綱（MAMMALIA）
目：食肉目（CARNIVORA）
科：熊科（URSIDAE）
屬：熊屬（URSUS）
種：亞洲黑熊（URSUS THIBETANUS）

大山貓寶寶和小騾鹿

大火對野生動物是很不友善的。光是在加州，每個月就有50起以上的火災，摧毀數百英畝的棲地，造成數以千計的動物頓失居所，而且年年如此。許多動物葬身火窟，或在火災後死於身心壓力或脫水。

不過還是有幸運的動物獲救。

2009年聖巴巴拉附近發生了一場大火，一頭很小的幼鹿和一隻尚未成年的美國大山貓被救了出來。當時正值5月，是很多動物的生育季，所以加州的森林裡滿是剛出生不久、路還走不穩的小動物。那年的其他火災已經摧毀了大片的野地，因此倖存的動物特別容易受到危害。5月那場大火十分慘烈。聖巴巴拉動物救援小組的復育員救起一隻小鹿，那時牠正孤單地在起火

點附近徘徊，虛弱地哀鳴著。

　　獲救的動物孤兒為數眾多，野生動物中心空間不足，郡警局因此提供場所，作為臨時的安置處。

　　小組組長茉莉亞‧迪‧西耶諾說：「我們在那邊的一個箱子裡已經有一隻還很幼小的美國大山貓。我們是在州長自家的土地上救到牠的，牠需要全天候的照顧，我們不確定牠能不能活下來。」她把小鹿帶過去時，發現那邊連箱子都不夠了。他們別無選擇，只好把這兩個小傢伙放在一起。沒想到牠們需要的正是彼此。

　　「我們一把小鹿放進去，大山貓寶寶就爬到牠身上蜷起來睡覺。牠們都非常疲倦又虛弱，兩個就這麼窩在一起。」牠們只共處了差不多兩個鐘頭，救援人員就在幾小時路程外的地方，找到了安置小鹿的空間。「不過那段時間太關鍵了，」她說，「雙方都在那時候獲得了溫暖與慰藉，或許也減輕了牠們的恐懼和孤獨感。看牠們這樣子在一起真的非常動人。」

　　這次森林火災，救援小組救到了各式各樣的野生動物和家禽家畜；平時他們復育的對

象從鴨子到狐狸都有，最後會野放到未受破壞的棲地。小鹿和牠的大山貓朋友獲得了迫切需要的休息之後，被移置他處，和其他小鹿共同安置，讓牠和同類一起成長。等幾個月後，小鹿滿一歲時，這群鹿就會被野放。

　　「這個關係奇妙的是，小鹿通常是大山貓的可口小點——我說的是成年的大山貓。」迪‧西耶諾說。那隻大山貓暫時還沒野放，後來的確成了神出鬼沒的好獵手，不過在火災造成的壓力下，這兩個自然界的仇敵卻從彼此身上找到了力量。迪‧西耶諾說：「我相信那個關鍵時刻的短暫相處，燃起了牠們的生存意志。」

短尾狗和短尾貓

當卡崔娜颶風在2005年8月襲向路易斯安納州的新奧爾良時，數以千計的飼主被迫丟下寵物，趕往地勢高的地方避難。大部分飼主以為一兩天內就能回來把寵物接走，所以留下了食物和飲水，讓寵物暫時度過難關。但結果能重返家園的人很少，至少有25萬隻寵物突然必須自立更生。

不少寵物就這樣死了；很多寵物流落街頭，憑著最原始的本能生存；有些加入了群體以求安身。還有兩隻則是找到了彼此。

其中一隻是母狗，尾巴被截短了，另一隻是公貓，也是短尾巴。狗原先被拴住，後來掙脫了，頸子上還掛著一截鍊子。狗鍊子拖在地上叮噹作響，貓就跟在後面走。牠們很可能就這樣在

城裡徘徊了好幾個星期。沒人知道颶風來之前，牠們是不是同一家的寵物，不過那名建築工人最先注意到牠們的時候，牠們明顯是在一起的。而且狗對牠的貓朋友保護有加，只要有人靠那隻貓太近，牠就會開始低吼。

好朋友動物收容中心（Best Friends Animal Sanctuary）的救難人員將這一對貓狗帶到新奧爾良郊區梅泰里的一間臨時收容所，因為兩個都被截過尾巴，就將牠們取名為「短短」和「鮑伯貓」。

收容中心的芭芭拉‧威廉森主管媒體公關事務，這兩個短尾的小傢伙被抓進來之後，她也負責照顧牠們。「原本我們貓和狗是分開安置的，」她說，「但短短抵死不從。牠吠起來可是震耳欲聾。牠們倆一分開，牠就難過得大吵大鬧。」所以義工就把一個小籠子併到一個大籠子裡，讓牠們兩個可以待在一起，彼此也不會受傷。芭芭拉說：「短短只要在小貓身邊，就很平靜了。」

後來工作人員發現鮑伯貓是全盲的，可能生下來就看不見，這一來牠們

狗
（DOG）
界：動物界（ANIMALIA）
門：脊椎動物門（CHORDATA）
綱：哺乳綱（MAMMALIA）
目：食肉目（CARNIVORA）
科：犬科（CANIDAE）
屬：犬屬（CANIS）
種：家犬（CANIS LUPUS FAMILIARIS）

兩個的情誼就更加感人了：原來狗兒短短
一直在帶領牠、保護牠。「看牠引導牠行
動的樣子就知道了。」芭芭拉說，「短短會
對牠叫，好像在告訴牠什麼時候可以走，什
麼時候該停下來，還會用屁股碰牠，指引牠往
哪裡走。」鮑伯貓雖然行動不便，卻「很有自信，幾乎
可以說有一種王者風範，」芭芭拉說，「短短反而比較像個笨拙
的青少年。對比超有趣的。」

　　這對貓狗搭檔的故事經過媒體的披露，很快傳了出去，收
容中心也找到了適合的人認養這一對特別的動物。可惜才被收
養不久，鮑伯貓就生病死了。新主人覺得給狗的最佳解藥是再收
養一隻被救回來的貓，而且巧合的是，他們找到的又是一隻短尾
貓。短短立刻就接納了這隻新的貓。

　　芭芭拉說：「從這對短尾貓和短尾狗，我看到動物之間的感
情可以到多麼深的地步。」

　　幸虧人類也不是沒有這樣的情感深度。卡崔娜颶風後的寵
物救援行動，是有史以來天災過後規模最大的一次。有許多照護
義工和救援組織孜孜不倦，為了幫數以千計的動物尋找新家。

獵豹和安娜圖牧羊犬

在非洲的納米比亞，農人和牧人辛苦地在乾燥的砂質土壤上討生活，這裡的獵豹和人類向來不友好。看在獵豹眼裡，人類的家畜是豐盛而美味的誘惑；尤其在乾旱時期，疏林草原獵物稀少，這種誘惑特別強大。獵豹捕食家畜的時候，人類為了保護珍貴的資源，往往會射殺牠們。

「獵豹保育基金」突發奇想，想到一個替代方案：提供狗兒給農民飼養，讓牠們看守家畜。獲選擔當這項重任的，是數千年前就在土耳其中部培育出來安娜圖牧羊犬，這種狗體型高大，性格忠誠，而且知道該怎麼嚇阻獵豹這種本來膽子就不大的動物。（野生的獵豹在自然界也有無法戰勝的敵手；牠們最好的防禦武器就是隨時能夠拔腿狂奔的衝刺能力。）防止獵豹捕食綿羊、山羊，就能讓牠們不被農夫賞子彈，也有助於掃除牠們的污名——

19

獵豹
(CHEETAH)
界：動物界（ANIMALIA）
門：脊椎動物門（CHORDATA）
綱：哺乳綱（MAMMALIA）
目：食肉目（CARNIVORA）
科：貓科（FELIDAE）
屬：獵豹屬（ACINONYX）
種：獵豹（ACINONYX JUBATUS）

兩者都是讓獵豹未來得以繼續生存的好計策。這個計畫非常成功。

不過在另外一個地方，獵豹和安娜圖牧羊犬的故事有個不錯的小轉折——美國的一座動物園同樣也有安娜圖牧羊犬，但牠不是要來趕走獵豹，而是要當獵豹的好朋友。

在聖地牙哥動物園的野生動物公園擔任動物訓練經理的金‧考德威說：「我們發現把年輕獵豹和家犬養在一起有很多好處。」她說，首先，獵豹生性謹慎，和狗一起長大時，狗就像獵豹的嬰兒毯一樣，會讓牠有安全感。肢體語言是關鍵，而且因為狗的性情沉穩、友善、適應力強，能幫助獵豹放鬆，接納不熟悉的環境，於是動物和訓練員雙方都比較不會緊張。金說：「獵豹對我們的反應，和對那些四條腿、會搖尾巴的毛茸茸的動物不一樣。狗會舔牠們的耳朵，讓牠們撲著玩、咬著玩。給那些大貓一隻60公斤的狗當玩具，總比讓牠們把我們當玩具好。牠們可以真的一起打鬧玩耍，而這正是學習和社會化的重要過程。」

聖地牙哥動物園和野生動物公園在獵豹計畫中也用過多種混種狗，但最適合的是安娜圖

安娜圖牧羊犬
（ANATOLIAN SHEPHERD）
安娜圖牧羊犬源自超過6000
年前的土耳其，這種守衛犬
特別忠誠、獨立。

牧羊犬。「有的混種狗實在太難約束了。」金說。安娜圖牧羊犬在小狗時就很穩重。要打要鬧牠們隨時可以奉陪，但另一方面牠們也能像條大毯子一樣躺下來理毛，或是接受別人幫牠理毛——這是獵豹大部分時間都在做的事。金說：「別忘了，大多數的狗可以一天24小時都在玩，貓卻是有20個鐘頭都想睡覺！」

牠們也有分開的時候，而且總是個別進食。金說：「狗吃東西是用吞的，貓是用嚼的。」所以餵食時可能發生攻擊行為。不過小貓小狗一旦成功湊成一對，「牠們就是一輩子的朋友了。」

鳳頭鸚鵡和貓

搔貓咪的耳根，就能和牠變成一輩子的朋友。不過，如果替貓咪搔耳根的是個全身羽毛、長了喙和一對鳥腳的傢伙呢？對此，年輕的流浪貓「幸運」似乎不以為意。牠運氣真的不錯，讓住在喬治亞州沙凡那的莉比‧米勒和蓋伊‧佛特森救回家。被收養之後，幸運發現牠有個室友叫可可，一隻性情急躁、直率的鳳頭鸚鵡。牠用溫柔的爪子接納了這隻新來的貓咪。

　　有一天早上，可可停棲在主人的雪橇床的床腳邊，幸運想必是躲在床底下；那時牠還沒近距離和可可打過照面。莉比進房間時發現：「牠們居然在一塊兒，一起待在床上。」她擔心了一

下，怕牠們互相傷害，但「可可好溫柔！牠用一隻腳磨蹭幸運，然後就在幸運頭上走來走去——幸運好像根本不在意。」莉比拿來相機，記錄下牠們奇特的互動。那段影片最後放上了網路，立刻一傳十、十傳百。「全世界的人都愛看牠們在一起的樣子。」她說。

白鳳頭鸚鵡
（WHITE COCKATOO）

界：動物界（ANIMALIA）
門：脊椎動物門（CHORDATA）
綱：鳥綱（AVES）
目：鸚形目（PSITTACIFORMES）
科：鳳頭鸚鵡科（CACATUIDAE）
屬：鳳頭鸚鵡屬（CACATUA）
種：白鳳頭鸚鵡（CACATUA ALBA）

鸚鵡的喙和爪子又尖又硬，有可能會弄傷貓咪，但這兩隻動物卻一直是相親相愛的室友。可可會把像手指一樣的舌頭伸進貓耳朵裡，或是摩牠、蹭牠，似乎對柔細貓毛的味道和貓身柔軟有彈性的觸感非常著迷。幸運也很懂得享受，會翻過身來露出肚子，讓可可盡情按摩。

每天晚上，這一對貓和鳥會快樂地一同窩在其中一個主人的大腿上，「好好放鬆一下」，旁邊還有主人家的四條狗作伴。兩位女士說，每天晚上總要等到寵物都放了出來，看牠們互相聯絡感情，感覺才會圓滿。「我們養的動物很喜歡在一起，我們好愛牠們這樣。」

臘腸狗和小豬

西維吉尼亞州一個寒氣刺骨的夜晚，一隻非常幸運的豬出生在穀倉的乾草鋪上。

這隻豬叫「粉紅」。不管用什麼標準來看，粉紅都是個頭最小的那個。不管是那一晚替母豬接生的約翰娜‧科比，還是旁觀的丈夫和女兒，都不覺得這隻小豬活得下來。幸運的是，一個意外出現的奶媽給了粉紅活命的機會。

那胎豬仔一共11隻，粉紅是最後出來的，一看就知道和哥哥姊姊完全不同。豬出生時眼睛通常已經開了，一分鐘後就會開始走動、吸奶，體重大約是1.5到2公斤。而粉紅還不到半公斤，雙眼緊緊閉著，彷彿不想看到這個世界。牠很脆弱，全身上下幾乎完全沒有毛，細小的叫聲輕不可聞。約翰娜回憶道：「牠只是躺

在盒子裡吱吱叫，連試著站起來走都沒有。實在太虛弱了。」她把粉紅捧到豬媽媽的乳頭旁邊吸奶，牠也不吸，很快就被其他那些比較強壯的兄姊擠來擠去，想把牠推出乾草鋪外，除掉這個最弱的競爭者。

家豬
（DOMESTIC PIG）
界：動物界（ANIMALIA）
門：脊椎動物門（CHORDATA）
綱：哺乳綱（MAMMALIA）
目：偶蹄目（ARTIODACTYLA）
科：豬科（SUIDAE）
屬：豬屬（SUS）
種：家豬（S. DOMESTICA）

這時約翰娜想到一個主意。他們家的狗是隻紅色的小臘腸，名叫婷克，總是很愛親近人，對其他動物也很有母愛。而且牠對豬特別有好感。

幾年前婷克第一次在科比家的養豬場接觸到小豬的時候，「牠把牠們全趕到一個角落，開始舔牠們。」約翰娜回憶道，「牠們已經12公斤重，比牠大得多了，可是婷克不管。牠好開心，尾巴搖個不停，而且嘴巴笑得好開。」有一次牠為了靠近豬，自行闖入豬圈，差點淹死在濃稠黏膩的泥巴裡。

婷克不久前才生下兩隻小狗，其中一隻是死胎，她顯然很傷心。約翰娜決定把粉紅和婷克放在一起，看看臘腸狗能不能把小豬視為己出。最近這個法子用在另一隻狗生的小狗身上很有效，婷克很高興地讓牠們和牠自己的孩子一起待在被窩裡。

小豬的收養過程和小狗一樣順利。才把

臘腸犬
（DACHSHUND）
臘腸犬是1600年代在德國培育出來的，身軀矮而長，嗅覺靈敏，很適合獵捕躲在地洞裡的獵。

粉紅放進狗窩裡，「婷克就瘋掉了。牠把粉紅從頭舔到尾，甚至咬掉牠多餘的臍帶。」約翰娜說。然後婷克用自己的下巴把牠蓋住，替牠保暖。其他小狗要吸奶時，牠也用鼻子鼓勵粉紅到牠的肚子來一起吸。

於是粉紅一下子就爬到婷克身上，開始吸奶；科比一家人鬆了一口氣。「婷克對牠特別禮遇，我看牠最愛的小孩可能是牠吧。」約翰娜說。由於得到特別的照顧，不久粉紅的個頭和體重就趕上了牠的親兄姊，不過牠一直沒興趣再加入豬群。牠現在的家人只有狗而已，牠會和小狗嬉鬧打架，彷彿本來就是牠們中的一員。

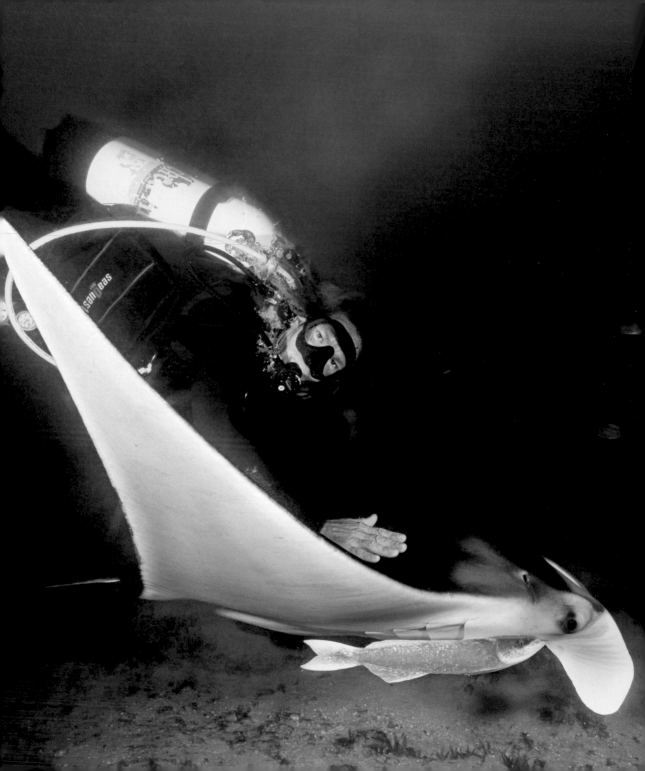

潛水員和鬼蝠魟

尚·派恩已有水肺潛水數千小時的經驗，小至礁蝦、大至碩大無朋的鯨鯊，他都曾和牠們面對面，一起在海中遨遊。不過這位綁了滿頭麻花辮的船長談起他和一隻鬼蝠魟的奇遇時，卻像在說他的初戀。

尚並不是去找魟魚的。當時他在協助水底攝影師進行伊氏石斑魚的拍攝計畫，這種魚可重達360公斤，棲息環境和魟魚一樣，都是在弗羅里達的海岸外。在微光中，他潛到30公尺深處一艘沉船上方，一群伊氏石斑就聚集在那裡；他搖起水中搖鈴，想呼叫他的潛水同伴。「突然間，我看到一隻黑色的小魟魚

朝我游過來。」他回憶道。（當然所謂的小是相對的。鬼蝠魟是最大型的魟魚，成年的鬼蝠魟可達六公尺寬、1400公斤重。）魟魚對潛水員往往很好奇，不過通常只會從他們旁邊掠過，停在潛水員碰不到牠們的海底沙地上。而這隻還在發育期的雌魟顯然是想要人類幫牠按摩按摩。

「牠直接就游到我的下方——我還得阻擋牠，以免牠在下面頂我。」尚說，「牠的皮膚摸起來就像撐在肋骨和肌肉上的一層絨布，很不可思議的觸感。」這隻魟魚實實在在地和潛水員共舞了起來，帶領他跳起探戈的轉步，硬是把身體塞到他的手裡。他的手摸過牠的皮膚時，牠的鰭尖居然顫抖了起來，就像狗的肚子被人搔得很舒服時抖著腿一樣。「那時我完全沉醉在這場相遇中，怎麼也捨不得離開。」尚說，「魟魚平常是你得用追的，才有機會近距離看到牠。而這隻魟魚竟然自己送上門來；牠就認定我了，想要我摸牠。感覺就像在撫摸我的狼犬、和牠四目交接一樣——我感覺到我們之間

人

界：動物界（ANIMALIA）
門：脊椎動物門（CHORDATA）
綱：哺乳綱（MAMMALIA）
目：靈長目（PRIMATES）
科：人科（HOMINIDAE）
屬：人屬（HOMO）
種：智人（HOMO SAPIENS）

鬼蝠魟
（MANTA RAY）

界：動物界（ANIMALIA）
門：脊椎動物門（CHORDATA）
綱：軟骨魚綱（CHONDRICHTHYES）
目：燕魟目（MYLIOBATIFORMES）
科：蝠魟科（MOBULIDAE）
屬：鬼蝠魟屬（MANTA）
種：鬼蝠魟（MANTA BIROSTRIS）

是真正在交流。實在太棒了。」

　　人和魚的親密關係維持了幾分鐘之後，尚收到信號，得繼續工作了，他只好依依不捨地離開。這條小魟魚就待在他旁邊，對其他的潛水員毫不理睬。尚畢竟不是魟魚，總要回到水面上呼吸，他浮向水面時，小魟魚就在他下方懸浮著，好像要確認他安全浮上去了似的。

　　「我本來應該幫攝影師拿著水底照明燈，照亮正在產卵的伊氏石斑魚，結果因為這條魟魚而完全沒做到。」尚說，「不過為了這個經驗是絕對值得的。」他為小魟魚取了和她女兒同樣的名字，叫瑪里娜，「牠是我的另一個女兒。」

　　從前的討海人可能覺得尚對魟魚的深情難以置信。鬼蝠魟因為長著尖尖的鰭，在古代有時候會讓人聯想到魔鬼；在水手的故事裡，鬼蝠魟會從海裡跳出來把船弄翻。鬼蝠魟其實是和平的動物，不過不難理解這些傳說的起因。鬼蝠魟偶爾會衝出水面、騰空而起──雖然只停留了一兩秒鐘──再壯觀地落回海中，充分展現出牠的力量與優雅的姿態。我們現在覺得那是美──甚至是調皮的表現。不過500年前的人，站在嘎吱作響的木造大帆船甲板上，是絕不會想和這些長著翅膀和「角」的生物做朋友的。

驢子和混種狗

有些友誼一開始有點不平衡，不過搖擺一陣之後，很快就平衡了。混種母狗「莎菲」和牠的好哥兒們「威斯特」就是這樣。威斯特是隻年輕的公驢，大家都知道牠的個性不會逗狗玩，只會讓狗躲得牠遠遠的。

牠們倆在懷俄明州的一座偏僻牧場上初次見面，那時威斯特正在草地上吃草，莎菲則和主人芭芭拉·斯穆茨一起散步。莎菲走了過去，想探查這隻牠不熟悉的動物。威斯特注意到狗來了，氣呼呼地跑上前幾步驅趕牠，然後轉過身蹬後腿。莎菲蹦蹦跳跳地閃開，一屁股坐下來表示牠想玩。威斯特火氣又上來了，尖銳的蹄子不客氣地踢出去。牠對空踢了三次，莎菲才明白牠的意思，不再靠近。

不過芭芭拉是專門研究動物行為的生物學家，她的小狗對一

個截然不同的動物這麼著迷，引起了她的好奇。於是有一天，她趁著威斯特安全地待在畜欄裡的時候，再給莎菲一次交朋友的機會。

這一回，莎菲沿著柵欄跑來跑去，威斯特也跟著一起跑。兩個就這樣來來回回平行地跑，狗兒盡情地玩鬧，間而吠叫、低吼，驢子有時用驚人的嘶鳴聲回應牠。莎菲不久就開始越界，試探對方的底線，鑽進柵欄底下，在畜欄裡橫衝直撞，要是驢子盯得牠太緊，牠就從另一邊衝出去。

後來有一天，下過一場雪之後，莎菲的信心又進了一步，開始更常待在威斯特的畜欄裡。芭芭拉回憶道：「牠發現在雪地上，牠的行動比驢子靈活多了。」

最後，這對狗和驢已經可以完全在畜欄外玩耍，兩個瘋狂地跑來跑去，輕咬彼此的腳跟和脖子，還會嘴碰嘴。牠們開始在同一個碗裡喝水，一起打盹。芭芭拉和莎菲去健行的時候，威斯特也會跟來。每天威斯特被放出來吃草的時候，就會過來找這個朋友。芭芭拉說：「清晨五點半，牠就會在我和莎菲睡覺的房門外嘶鳴。這個鬧鐘有夠吵。我會讓莎菲出去跟

牠玩，然後立刻躺回床上。」

　　四個月後，芭芭拉的休假結束，得離開懷俄明，莎菲必須和牠的朋友道別了。芭芭拉說：「我們重返日常生活，莎菲適應得很快，又和牠本來的狗朋友玩在一起。」但威斯特沒有別的玩伴可以找，因此分開之後非常失落。牠不吃東西，體重下降，總是垂著頭站在畜欄裡，對周遭的事物毫無興趣。芭芭拉說：「看得出這對驢子和狗是真的有感情的。」

　　為了威斯特的健康和心情，牠的主人終於找了一頭母驢來陪牠。想引起青春期雄性哺乳動物的注意，這樣做非常有效。芭芭拉說：「不出所料，牠馬上就讓威斯特打起了精神！」

小鴨子和笑翠鳥

那隻毛茸茸的、黃黃的、走路和叫聲都像鴨子的小東西就是鴨子，不過另一隻可是完全不同的動物。

笑翠鳥是體型最大的翠鳥，為澳洲和新幾內亞的原生種。在英格蘭外特島的海景野生動物園（Seaview Wildlife Encounter）裡，孤零零地住著一隻六週大的笑翠鳥。園長洛琳・亞當斯說：「我們那對可以生育的笑翠鳥有殺害雛鳥的不良記錄。」雖然前一年牠們成功養大了三隻健康的寶寶，「但是這一年母鳥生了三顆蛋，小鳥孵化之後有兩隻被牠殺了，我們只好把第三隻抓出來，救牠一命。」這隻倖存的鳥很快被命名為酷奇。

同一時候，員工從動物園內的一座鳥園救出了一隻小不隆冬

的馬島麻斑鴨，因為牠無法抵抗其他大型鳥的欺凌。洛琳想到，與其把小鴨和笑翠鳥分開安置，把牠們放在一起作伴不是更好？笑翠鳥是肉食動物，成鳥會毫不猶豫地把小鴨子吃掉，但幼鳥就不太會傷人了。

當時，酷奇幾乎整天無所事事。「通常只窩在他的保溫箱裡，等著讓人餵食。」洛琳說，「我剛把小鴨子放進去時，酷奇還是繼續呆坐在那兒。這個新來的立刻湊過去，想鑽到酷奇的翅膀底下，把牠當媽媽一樣取暖。」酷奇雖然沒什麼反應，至少沒有表現出攻擊性，洛琳認為實驗進行得還算順利。

不過，她還是覺得最好讓牠們分開過夜。不過當她把小鴨子抓走，放進另一個保溫箱時，「牠卻在門邊跳上跳下，想回去和酷奇在一起。」她說。到了早上，牠們兩個重逢的時候，小鴨立刻又回去和大鳥窩在一起。

此後，同一隻鴨媽媽又孵出了兩隻小鴨，酷奇就有了三個小東西要應付。「看那三隻小鴨消失在牠身子底下，真是稀奇又不可思議的景象。」洛琳說。牠們沒有一起吃東西，因為小鴨子吃的是麵包屑和蛋的混合飼料，酷奇吃的則是雞肉、麵包蟲

和牛絞肉大餐。不過除了忙著進食的時刻,小鴨都「纏著酷奇,爬到牠背上,坐在牠身上,把喙往牠羽毛裡戳,拼命往牠翅膀底下鑽。」酷奇非常泰然自若,像個稱職的保姆一樣耐性十足。

　　笑翠鳥出名的是牠獨特的叫聲:牠會揚起頭,發出高頻的咯咯聲,很像人類神經質的大笑。洛琳說:「成鳥一笑起來,整個動物園都聽得到。」不過牠們在幼鳥階段還沒什麼話想說。她說,目前雖然酷奇的住處熱鬧得很,牠頂多也只是從喉頭發出咕嚕咕嚕的聲音。或許不久之後,牠就會發出第一聲大笑,讓牠的麻斑鴨小朋友驚訝得豎直了羽毛。

大象和流浪狗

在田納西州霍恩沃爾德的大象庇護所裡，世界各地的大象被送到這裡來湊在一起，很容易就在群體之中找到朋友——這並不足為奇，因為大象是群居生活的動物。庇護所內常常見到流浪狗，牠們通常不理會大象，不是獨來獨往，就是和同類成雙成對地行動。不過這個常規被母象塔拉和一隻叫貝拉的公狗打破了。

這兩隻高智慧的哺乳動物跨越社會傳統，找到了彼此，之後就幾乎不曾分開過。一個是溫柔的大個子，一個是胖嘟嘟的混種狗，兩個不論吃喝、睡覺都在一起。塔拉粗如樹幹的象腿巍然聳立在牠的狗朋友上方，不過只要在彼此身邊，牠們就心滿意足。

後來，狗兒貝拉生病了，庇護所的員工帶牠到室內去照顧。

塔拉看起來很消沉，一直待在貝拉休息的房子附近，像在為牠守夜。貝拉慢慢地復原，過了非常多天，塔拉就這麼等待著牠。最後牠們倆終於團圓了。塔拉用象鼻輕撫貝拉，跺著腳、發出宏亮的吼叫聲。而貝拉則完全就是狗的本色，興奮得全身扭個不停，在地上滾來滾去，又是吐舌頭又是搖尾巴。

而且，最驚人的一刻是，塔拉居然抬起牠一隻巨大無比的腳，輕揉牠朋友的肚子。

知名的生物學家喬伊絲・卜爾（Joyce Poole）或許是世界上觀察大象最久的人，她回憶起造訪這處庇護所時見到的這對朋友。「我很幸運可以近距離看見塔拉與貝拉，以及另一隻也和牠成了朋友的狗。塔拉一直想用象鼻捧起兩隻狗。看了真開心。」不過對卜爾而言，這樣的友情並不奇怪。她說：「從我們對大象的研究，還有我們自己和狗的關係，我們知道大象和狗都是情感豐富的動物，個體間會建立緊密的關係。」在野外，母象領導下的象群組織嚴密，而象

**大象
保護中心**

在美國為衰老、生病的
亞洲象和非洲象設計的庇護所中，
位於田納西州霍恩沃爾德的大象
保護中心是最大的自然
棲地庇護所。

對象群都非常忠心。牠們不只會收養同伴的孩子，甚至會為死去的同伴哀悼。卜爾說，像塔拉這樣的大象在成長過程中有各種不同的學習對象，有很多機會接觸到其他種類的動物，因此「只是將那樣的依附關係轉移到別種動物身上而已。」

蘇斯博士作品改編的卡通《荷頓奇遇記》中，以忠心出名的大象荷頓坐到任性的鳥媽媽巢裡幫她孵蛋，看來塔拉也是這樣，「百分之百忠誠！」

貂和大狗

蘿莉·麥斯威爾愛狗成癖，而且不怕養大狗。不久以前，她家裡還住了兩隻孔武有力的比特犬，和一隻長得簡直就是一整團肌肉的鬥牛犬。在動物方面，蘿莉是「唯恐天下不亂」的，所以她想到，何不把她男朋友養的那一對貂也帶來一起熱鬧熱鬧？於是家裡從此多了兩道閃電，公貂叫「麋鹿」，母貂「口袋餅」。幸好牠們帶來的是正向的能量：兩個很快就成了愛狗協會的一員。

蘿莉說：「牠們實在很無法無天，整天在房子裡四處飛竄。」雖然兩隻比特犬相對文靜一點，然而那隻老英國鬥牛犬白蘭度卻「也粗野喧鬧得很。麋鹿會和這個大塊頭玩摔角，咬牠垂在下巴底下的肉和口鼻部。」她說，「打不過的時候，麋鹿就偷白蘭度的玩具，有時候是直接從牠嘴裡把玩具搶走，然後藏在床下。那隻

貂
(FERRET)

界：動物界（ANIMALIA）
門：脊椎動物門（CHORDATA）
綱：哺乳綱（MAMMALIA）
目：食肉目（CARNIVORA）
科：鼬科（MUSTELIDAE）
屬：鼬屬（MUSTELA）
種：地中海雪貂
（MUSTELA PUTORIUS FURO）

貂真是天不怕、地不怕的小怪物。」兩隻貂會拿狗的玩具來拔河，白蘭度還會把麋鹿叼起來甩來甩去，貂的嘴裡還銜著玩具。蘿莉說起被甩飛的麋鹿：「牠愛死了，會跑回去再讓牠甩。」麋鹿的脖子因為常常緊繃著，肌肉變得很發達。

在這場亂局之中，比特犬之一的溫斯頓剛開始很怕那對貂。蘿莉回憶著：「牠在床上的時候，如果貂爬上來，牠會因為想躲牠們而跌下床。」不過由於正向經驗的累積，溫斯頓克服了恐懼，成了每天傍晚時貂兒們最愛的枕頭。另一隻比特犬娜拉，則老是跟在這兩個小動物後頭要舔牠們，活像摔角比賽一個回合結束時替選手擦汗的教練。

後來麋鹿生了病，兩條後腿失去了行動能力，蘿莉的男朋友

強納森於是用護脛、木頭和曬衣繩的滑輪做了一部小輪椅。這隻貂很快又開始和口袋餅在屋裡四處狂奔，或在外面的草地上「越野賽跑」，和牠們十倍大的三隻狗互相追逐。

然而，幾個月後，換口袋餅的身體變差了，瘦得像皮囊裡的一小包

骨頭，蘿莉說。牠開始痙攣之後，蘿莉決定讓這團「可愛的小毛球」解脫。但在埋葬牠之前，她讓糜鹿見了牠最後一面。「牠嗅嗅牠，想叫牠起來玩。然後躺到牠身邊，把頭枕在牠脖子上。」三隻狗也不知所措地嗅了嗅這個沒了氣的小傢伙。但最令主人感動的，是牠們對糜鹿的特別關心。

　　蘿莉在人道協會主持反鬥狗運動；口袋餅死後，她在人道協會的網站上寫道，狗兒們努力想讓糜鹿重新振作起來，因為從前活潑的糜鹿如今意志消沉，狗兒都看在眼裡。「活潑直爽的娜拉不停地舔牠、用鼻子蹭牠，最後牠終於暖身夠了，又開始調皮地對牠的大鼻頭又抓又咬。」她寫道，「不忮不求的鬥牛犬白蘭度會帶著關愛的眼神，在糜鹿後面到處跟來跟去。愛黏人的溫斯頓則在晚上和小貂窩在一起打盹。」她深信狗兒們是察覺了糜鹿因為口袋餅而悲傷，因此在牠最需要朋友的時候想辦法安慰牠。

反鬥狗運動

　　由美國人道協會發起的這項運動，是為了讓邊緣青少年了解鬥狗的危險和其中殘酷的本質。鬥狗這種觀賞性「運動」，是將狗（通常是比特犬）放在獸欄裡互鬥，往往會鬥到死亡。

黃金獵犬和錦鯉

你曾經出神地看著風吹過水面，魚群在水面下整齊劃一地游過來游過去嗎？幾年前有一隻名叫奇諾的九歲黃金獵犬，在奧勒岡州一處郊區人家的後院裡，發現了這個醉人的景色。

吸引奇諾的，主要是一條名叫法斯塔夫的錦鯉。錦鯉這種色彩繽紛的金魚是鯉魚的親戚，在亞洲經過幾世紀的人工選種，培育出美麗的體色與獨特的個性。錦鯉現在成了西方人後院池塘的熱門嬌客，是群居性最強的一種魚類。而奇諾也很懂得社交禮儀。

錦鯉
（KOI）

界：動物界（ANIMALIA）
門：脊椎動物門（CHORDATA）
綱：條鰭魚綱（ACTINOPTERYGII）
目：鯉形目（CYPRINIFORMES）
科：鯉科（CYPRINIDAE）
屬：鯉屬（CYPRINUS）
種：鯉魚（CYPRINUS CARPIO CARPIO）

不過雙方即使再善於交際，這兩種動物為了表達對彼此的好感所需要跨越的障礙可不小。牠們沒辦法一起散步、打鬧，不能窩在一起或是分享狗骨頭。說真的，狗和魚唯一能做到的肢體接觸就只是碰碰溼鼻子而已。不過牠們似乎還是變成朋友了。

瑪麗·希斯和她丈夫後院的池子裡滿是錦鯉。奇諾對街上遇到的狗向來沒什麼興趣，反而對這些牠不熟悉的動物和牠們在水面下的流暢動作深深著迷。他會趴在池邊溫暖的石頭上，看魚兒繞著圈游、潛下去又浮上來吃飼料。

希斯家人搬了家，建了個新池子，還在池邊為狗準備了一個很棒的位置，奇諾對魚的興趣也變得更濃了。搬家時他們只帶走了兩條魚，其中一條就是黑橘相間、溫馴美麗的大鯉魚法斯塔夫。少了其他魚的干擾，奇諾的注意力落到了法斯塔夫身上，而且牠們倆對彼此都很好奇。「牠們會在池邊碰面，奇諾會靠過去或趴下來，把鼻子探進水裡。」瑪麗說，「牠們會鼻子碰鼻子，法斯塔夫還會輕齧奇諾的前掌。」她說法斯塔夫是難得能讓這隻

老狗搖尾巴的動物。「我們一把奇諾放出去，牠就會去找那隻魚。」她說，「而法斯塔夫會立刻靠過來。」然後奇諾就會完全被牠這位水裡的朋友迷住，肚子貼在地上趴在那兒半個小時以上。

　　魚的腦子很小，誰也不知道鯉魚有沒有能力體會像友誼這種經驗。不過這對不尋常的動物因為某種原因而天天相聚。或許法斯塔夫知道，每當有別的動物靠近池子時，就代表可能有東西吃。也或許魚的腦袋能處理比進食、游水、交配或逃走更複雜的概念，尤其是這種魚──牠們與你在園遊會上撈到的漂亮金魚，在遺傳上有很大的差別。在亞洲某些地區，外表雍容、具有智慧與力量的錦鯉，代表了克服逆境、勇往直前的能力，對某些人而言也是好運的象徵。

　　那麼黃金獵犬呢？其實無論智力如何，大概很難找到一隻不是天生好奇、總是伸著舌頭、搖著尾巴隨時準備表示友善的黃金獵犬吧。

大猩猩和小貓

這一則故事已經成為經典，揭露出我們的非人類近親能有多麼豐富的感情。

雌大猩猩可可最好的朋友只有牠的巴掌大。

1984年，這隻105公斤的大猩猩學著用美國手語溝通時，用兩隻手指畫過臉頰，比出鬍鬚的形狀。這個手勢是告訴牠在「大猩猩基金會」的老師法蘭馨‧「佩妮」‧帕特森，牠想要一隻貓當生日禮物。老師並不意外；幾年來她一直唸故事給可可聽，可可最愛的故事是《三隻小貓》和《穿長筒靴的貓》。填充玩具

滿足不了可可，最後就讓牠在一窩棄貓之中挑選。牠選了一隻沒有尾巴的灰色小公貓，這一小團毛球小到大猩猩輕輕一握就能把牠捏爛。牠像孩子抱布偶一樣把牠抱在懷裡，幫牠取名為「球球」。

可可為牠神魂顛倒。牠對待球球的方式就像大猩猩對待嬰兒一樣，把牠抱在大腿上，想要愛撫牠，幫牠又搔又抓，甚至把餐巾披在他頭上、身上，幫牠打扮。牠似乎很清楚自己的力氣有多大，擺弄牠的時候都很輕柔，甚至小貓咬牠，牠也甘之如飴，完全沒有還手的意思。老師問牠愛不愛小球球，可可用手語比道：「好軟，好貓。」

不幸牠們的情誼嘎然中止。可可收養小貓之後的冬天，球球跑出大猩猩的圍欄，被車撞了。照顧可可的工作人員說，從牠用手語表達的悲傷之意，和牠的哭喊，明顯看得出牠極為哀慟。

《國家地理》雜誌曾專文介紹這頭了不起的大猩猩，文章中對牠的手語是這麼翻譯的：

可可被問到要不要談談牠失去小貓的事，牠比道：「哭哭。」

訓練員問牠：「妳的小貓怎麼了？」

大猩猩基金會
KOKO.ORG

成立於1976年，致力於保育、保護大猩猩，促進大猩猩的福祉，最著名的是完成一項革命性的成就，讓可可和麥可這兩隻平地大猩猩學會流利地使用美國手語（AMERICAN SIGN LANGUAGE，ASL）

「貓睡覺。」

可可指著一隻長得像球球的貓咪的照片，大手又比著：

「哭，傷心，皺眉。」

但大猩猩和人類一樣，時間能治癒深沉的傷痛，心中永遠存在著關心其他生命的空間。可可不久又和新的兩隻小貓「口紅」和「小煙」建立了關係。可可的母性本能重新被喚起，而牠對與牠截然不同的動物所展現的柔情，也再一次感動了每個照顧牠的人。

河馬和侏儒山羊

河馬韓佛瑞六個月大的時候，來到了「犀牛與獅子自然保留區」（Rhino and Lion Nature Reserve）。這個保留區最出名的就是這兩種動物，特別是過去十年來在區內繁殖成功的瀕臨絕種犀牛。不過這裡也歡迎其他動物——韓佛瑞就是其中一員。

這個機構位於南非，所有人艾德·赫恩的女兒蘿琳達表示，這頭河馬是人類一手養大的。牠小時候和牠的人類「家人」同住一間房子，常常泡在後院的池子裡，直到長得太大、無法在人

河馬
(HIPPOPOTAMUS)

界：動物界（ANIMALIA）
門：脊椎動物門（CHORDATA）
綱：哺乳綱（MAMMALIA）
目：偶蹄目（ARTIODACTYLA）
科：河馬科（HIPPOPOTAMIDAE）
屬：河馬屬（HIPPOPOTAMUS）
種：河馬（HIPPOPOTAMUS AMPHIBIUS）

的家裡生活為止。那時候他們試過不讓牠進屋裡來，但當過寵物的韓佛瑞已經被慣壞了，怎麼也不肯聽話。結果牠把門撞倒，跑了進來。

或許牠這樣的衝勁沒什麼好奇怪的。畢竟河馬不是會逆來順受的動物——牠們放鬆地在涼爽的河裡打滾時例外。河馬通常會積極保衛牠們的地盤。牠們看似緩慢笨拙，但跑起來時速可以超過36公里。在非洲，據說河馬殺死的人比任何大型動物還多，甚至贏過鱷魚和獅子，因此很多人認為河馬是最危險的野生動物。

幸好韓佛瑞對人類很友善，牠的主人從來不曾擔心牠會刻意攻擊人。只是把四噸重的河馬關在房子裡造成的間接損害，終於超過了他們可接受的限度，韓佛瑞因此流落到保留區。

喀麥隆山羊
(侏儒山羊，CAMEROON MOUNTAIN GOAT)

界：動物界（ANIMALIA）
門：脊椎動物門（CHORDATA）
綱：哺乳綱（MAMMALIA）
目：偶蹄目（ARTIODACTYLA）
科：牛科（BOVIDAE）
屬：山羊屬（CAPRA）
種：家山羊（CAPRA AEGAGRUS HIRCUS）

到了保留區後，員工決定立刻將一個「朋友」介紹給韓佛瑞認識，免得牠寂寞起來又要發洩牠的沮喪。

　　來的是一隻喀麥隆山羊（又稱侏儒山羊）。牠們倆似乎對彼此體型和物種上的不同毫不在意，各自在對方身上找到了友誼。不過，後來發現山羊實在是個糟糕的榜樣。喀麥隆山羊有無窮的好奇心，而且是傑出的逃脫專家，擅於攀爬，能翻越籬笆，甚至會爬到建築物的屋頂，只是為了瞧瞧上面有什麼。行為已經有點不太檢點的河馬，似乎很樂於模仿這個牛科朋友的古怪行為。牠會開心地攀爬圍欄的牆（倒不是真爬得上去，只是以河馬來說已經是「攀爬」的動作），嚇得遊客丟下野餐籃裡的東西落荒而逃。

　　撇開調皮的部分不說，牠們的友誼確實讓寂寞的河馬獲得了非常需要的陪伴。最後還有個出人意表的結局：就在他們要把韓佛瑞遷到另一處私人保留區的時候，才發現牠居然是一隻母河馬！

綠鬣蜥和家貓

紐約的街道上雖然常有奇奇怪怪的東西出沒，不過通常是看不到綠鬣蜥的。然而有一天，在布魯克林的71街與13大道路口，有一隻綠鬣蜥溫溫吞吞地走過一個男子身邊，男子仔細看了一下，才確定牠是走失的動物。他抓起綠鬣蜥，本來打算帶回家養，但他太太可是敬謝不敏，聲明道：「不准把那東西拿進家裡。」他只好打電話給一個遇到動物就無法招架的朋友。

里娜・迪屈是位註冊護士，常常當義工爭取動物福利。她的公寓已經像動物園一樣，但她問都沒問，就接納了這隻30公分長的綠鬣蜥，很快研究了一下牠需要什麼，然後買了飼育箱、加溼器、加熱器，和幾顆模擬日照的特殊燈泡。里娜說：「我很高興牠至少是吃素的。」里娜自己是素食者，冰箱裡全是綠色葉菜、黃

綠鬣蜥
（IGUANA）

界：動物界（ANIMALIA）
門：脊椎動物門（CHORDATA）
綱：爬行綱（REPTILIA）
目：有鱗目（SQUAMATA）
科：美洲鬣蜥科（IGUANIDAE）
屬：美洲鬣蜥屬（IGUANA）
種：美洲綠鬣蜥（I. IGUANA）

色蔬菜和水果。「當然就算牠不是，我也很歡迎牠。」她為牠取名為索貝。

這隻爬蟲類在她的照顧下成長茁壯，體長從鼻尖到尾端很快就長到140公分。這時又有一隻需要照顧的動物出現在里娜門前。「我發現這隻小貓時，牠幾乎快死了。」她說，「牠自己、或者是把牠丟在門口的貓媽媽，似乎知道這裡是動物的庇護所。」儘管這隻小小貓得了肺炎，眼睛也發炎，身上都是跳蚤和蝨子，里娜還是覺得她救得了牠，而拒絕了獸醫安樂死的提議。

過了不久，小貓喬安的健康改善了很多，里娜決定看看這兩個棄兒能不能處得來。「我把喬安放進綠鬣蜥的飼育箱時，索貝像酷斯拉一樣虛張聲勢，發出嘶聲。牠能把自己弄得看起來很大、很可怕的樣子。可是喬安不知道害怕，就直接貼過去磨蹭著索貝粗糙的皮膚，開始呼嚕起來。索貝可能在納悶：搞什麼鬼？牠怎麼不怕我？」不過綠鬣蜥很快就平靜下來。牠閉起眼，

任由小貓磨牠的臉，玩牠的尾巴。牠沒有抗拒小貓接近牠，看起
來還很享受的樣子。

　　現在索貝可以在里娜家裡自由走動。牠會和喬安以及里娜
的其他貓咪一起爬上床，讓牠們窩在牠身邊；貓咪們想幫牠理
毛，或是進到飼育箱、到溫暖的棲木臺上找牠，牠都不介意。要
是看到棲木臺是空的，牠還會到處去找貓的蹤影。

　　綠鬣蜥是有攻擊性的，尤其是性成熟的綠鬣蜥，但里娜說：
「喬安和其他的貓已經懂得暗示，在索貝變得『太熱情』的時候
就知道要避開。」不管怎麼說，即使最好的朋友也是有底線的。

{印度，2003年}

花豹和牛

印度達德哈河畔的一個村子安托利，傳出了一則野生花豹向母牛尋求關愛的故事。

一個10月的晚上，花豹悄悄地在甘蔗叢中潛行，好像在找什麼東西。結果牠發現了一頭綁在田裡的牛；在這個塵土飛揚的農村，村民都是這樣養家畜的。花豹沒有傷害那隻牛，但是因為村民有時候晚上也會在田裡，豹的獵食本能令他們擔心。於是他們請林業部把花豹帶到附近的野生動物保護區安置。

設陷阱的人來了，很快他們就目睹了一場出乎大家意料的互動。古加拉特州的野生動物保育員羅希特·維亞斯參與了幾次捕

捉花豹的行動。這隻花豹每晚都會回到那一帶，往往一晚去好幾次，卻不像是個想找一頓溫熱晚餐的捕食者。牠其實是來尋求安慰的。牠試探著接近母牛，用頭磨蹭母牛的頭，然後倚在母牛身旁躺臥下來。母牛會舔舐牠，從頭和脖子開始，把牠舔得到的地方都舔過，大貓則扭著身子，顯然很開心。花豹來的時候，如果牛在睡覺，牠就會用口鼻觸一下牠的腿，輕輕喚醒牠，然後緊挨著牠躺下來。別的牛就站在附近，花豹完全不理牠們。而這頭受到青睞的母牛似乎很樂意每晚幫牠洗澡。連續將近兩個月，大貓都會在晚上八點左右出現，和母牛依偎到曙光隱約快要出現的時候——彷彿不想讓人見到牠們奇怪的幽會。

這段關係傳出去之後，村人比較不怕那隻花豹了，也不再覺得一定要把牠抓走。他們意外發現收成提高了。顯然花豹捕食了野豬、猴子和胡狼，這些動物常常會偷吃農作物，最多可吃掉三分之一。

花豹有幾個星期沒有來。最後一次見到牠們在一起的那晚，花豹一共來了九次，然後才離開了牠

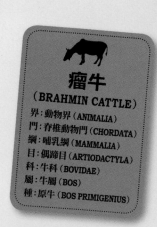

這位朋友不再回來。羅希特・維亞斯判斷，花豹第一次遊蕩到村裡的時候年紀還小，也沒有母親，牠從遠處的森林來，把農田當成了通道。或許母牛好奇地舔了花豹一下之後，牠的母性本能就被激發了出來。花豹向母牛尋求了一陣子溫暖，但等牠一成年，對母愛的需求消退之後，就不再戀棧。

即使有這麼合理的解釋，「這段關係還是很難以想像的。」羅希特說，「我們都被牠們兩個迷住了。誰想得到像花豹這樣的肉食動物、捕食者，竟然會對獵物表現出好感和喜愛呢？」

小獅子和獰貓兄妹

在南非的一處保留區，幾隻野生貓科動物所遭遇的不幸，卻讓不同種的大貓得以開心地生活在一起。

事情發生在伊莉莎白港的「彭巴私立動物保留區」，那裡有昂首闊步的獅子、迅捷的獵豹、在塵土飛揚的平原上形成堅毅剪影的斑馬和長頸鹿，以及把水坑變成泥漿池的犀牛和大象。

起先是一隻小獅子希巴被送到彭巴進行復育。希巴的母親大腹便便的時候被動物遷移小組誤捕。小獅子出生後，其中兩隻不久就死了，剩下的一隻也被母獅棄養，很可能因為被捕的壓力過大所致。

獰貓
（CARACAL）
界：動物界（ANIMALIA）
門：脊椎動物門（CHORDATA）
綱：哺乳綱（MAMMALIA）
目：食肉目（CARNIVORA）
科：貓科（FELIDAE）
屬：獰貓屬（CARACAL）
種：獰貓（C. CARACAL）

　　彭巴保護區的員工收留了這隻被
拋棄的小獅，盡力填補空缺的母職。
他們計畫養牠18個月，然後將牠引進
生活在這片7000公頃的樹林與開闊
平原上的一個獅群。

　　希巴來到保留區之後不久，又有一對小獰貓被送了過來。
獰貓跑得很快，是一種類似大山貓的小型貓科動物，分布在
非洲和中東的鄉野上。這對獰貓的母親攻擊附近一位農場主
人的羊之後，被獵狗咬死了。一般而言，小獰貓會在媽媽身邊
待上一年之久，因此若沒有別的角色代替母親，獰貓寶寶的
未來會很不樂觀。彭巴保護區的員工也像
照顧小獅子那樣盡心盡力地撫養小獰貓。
他們將這對兄妹取名為傑克和吉兒，並且
玩伴也幫牠們想好了──就是年幼孤單的
小希巴。

獅
（LION）
界：動物界（ANIMALIA）
門：脊椎動物門（CHORDATA）
綱：哺乳綱（MAMMALIA）
目：食肉目（CARNIVORA）
科：貓科（FELIDAE）
屬：豹屬（PANTHERA）
種：獅（P. LEO）

希巴、傑克和吉兒一見面，馬上和樂融融地玩在一起。保留區主任戴爾‧霍沃斯說：「牠們和我們的狗法蘭基一起住在我們農舍裡。」他的家坐落在這片荒野的邊界上。「牠們像一般家貓一樣玩在一起，只是體型明顯大得多，而且比較粗暴，對我們的地毯和傢俱造成不少損害。爬上窗簾更是輕而易舉。」

　　因為幼貓需要定時餵食，三隻貓就睡在戴爾和妻子的臥室裡，常常疊在一起變成毛茸茸的一堆。他說獰貓等到差不多12個月大，就可以在保留區裡自由活動，小母獅則會在18個月大左右可以開始找配偶之後，和「家人」分開。戴爾說：「到了那個時候，所有大貓都能隨心所欲，自由來去；我們不會硬要牠們留下來還是離開。」

　　在那之前，每個日子都是在吃東西、在陽臺上睡覺、翻滾、打鬧、撕抓，或是在屋子和院子裡暴衝、讓照顧牠們的人嚇一跳這樣的活動中甜蜜地度過。畢竟在長成獰貓和獅子之前，小貓就是小貓。

獅、虎與黑熊

天哪，這不正是嚇到桃樂絲和她的奧茲國夥伴的那三個龐然大物嗎，又碰頭了！不過喬治亞州槐樹林市「諾亞方舟動物復育中心」的獅子、老虎和熊並不嚇人；牠們是好兄弟。

牠們在2001年一次查緝毒品的行動中被發現，當時只是三隻幼獸，被美國自然資源部扣押，一起來到了復育中心。牠們分別是獅子「里奧」、老虎「可汗」和黑熊「巴魯」，當時都不過三個月大，顯然已經因為一起經歷過苦難而形影不離了。

所以牠們還是繼續在一起。牠們在復育中心住的地方擴建成能容納三隻動物的空間，還有了一處堅固的新「會所」，這個木造結構除了是牠們的臨時臥榻，也是必要時可以躲起來清靜一下的地方，因為會來窺探復育中心裡這一群最奇特的朋友的遊

美洲黑熊
(AMERICAN BLACK BEAR)
界：動物界（ANIMALIA）
門：脊椎動物門（CHORDATA）
綱：哺乳綱（MAMMALIA）
目：食肉目（CARNIVORA）
科：熊科（URSIDAE）
屬：熊屬（URSUS）
種：美洲黑熊
（URSUS AMERICANUS）

客總是絡繹不絕。這些動物在各自的野生環境中，原本得跨越大洋才見得到面——獅子來自非洲，老虎來自亞洲，而美洲黑熊不用說當然是來自美洲。出身雖然不同，卻不妨礙牠們成為融洽的室友。

諾亞方舟的創辦人之一嘉瑪・海奇科斯（Jama Hedgecoth）說，這三隻動物天天玩在一起，有時玩得很粗暴，不過從不曾玩出火氣來。大家都很合得來。牠們彼此磨蹭，頭碰頭，同吃同睡，「真的是和諧共存。」她說。早上牠們精力充沛地醒來，隨時都在互相扭打，或攻擊牠們的玩具（包括輪胎、原木等相較之下不容易壞的東西）。慢慢到了下午，三個傢伙就成了一堆懶骨頭，伸開四肢躺在院子裡、或是牠們屋外的「門廊」上，遊客就從牠們附近走過。

虎
(TIGER)
界：動物界（ANIMALIA）
門：脊椎動物門（CHORDATA）
綱：哺乳綱（MAMMALIA）
目：食肉目（CARNIVORA）
科：貓科（FELIDAE）
屬：豹屬（PANTHERA）
種：虎（P. TIGRIS）

老虎很愛水，這一點和大部分的家貓不一樣。熊也是。所以可汗和巴魯可以一起進行另一種活動——玩水。幾年來供牠們跳進去戲水的盆子愈換愈大，接下來牠們的棲地整修完成之後，牠

們就能自己到附近的小溪去玩水了。

　　原本相隔天涯海角的獅子、老虎和
熊，因為一連串的不幸事件而齊聚一堂，
來到美國的喬治亞州，定居下來之後，
卻像家人一樣親密，對牠們截然不同的
基因和遙遠的家鄉毫不知情。「現在這
裡是牠們永遠的家了。」嘉瑪說，「我們
希望牠們一起健健康康、長命百歲。」

母獅和劍羚寶寶

在肯亞的山布魯國家保留區裡，東非的灌木林蔓延在濃密的灌叢地和長滿了草的山丘上，泥濘的河流像緞帶一樣在平原上蜿蜒而去。這是河馬和大象、斑馬和長頸鹿的土地，大型貓科動物和吱吱叫的猴子在同一個暫時出現的水塘邊飲水，游牧的人帶來的牛羊在乾燥的土地上啃著草。在這個大自然偏離常軌的地方，誕生了一則動物傳奇故事。

獅子和羚羊寶寶相安無事地躺在一起——幾乎像聖經故事一樣神奇。當地人說，這是上帝的訊息。他們為獅子取名為卡蒙亞克，意思是「有福的」。他們到灌木林來見證這奇特的一對，希望這個奇蹟能維持下去。

社會人類學家莎巴・道格拉斯・漢彌爾頓是任職於「拯救大象組織」的保育人士，她跟著這對獅子和羚羊超過兩個星期，那段時間牠們愈來愈親近。她看著平常兇猛的捕食者保護

獵物，也目睹了完整的結局。

　　羚羊是一隻才剛會走路的劍羚。大貓則是年輕的母獅，還很稚嫩──還不到會生小獅子的年紀，不過也已經大到知道什麼是獵物、懂得獵殺了。這頭年輕的獅子不知為何脫離了獅群，並收養了劍羚，「好像那是牠生的小獅子一樣」，莎巴說。牠們併肩走過大地，一起睡覺，成為彼此的延伸。

　　母獅有一段時間似乎在母性與獵食這兩種本能之間天人交戰。但母性占了上風，牠一直要劍羚緊跟著自己，溫柔地舔牠，視牠如己出。而小劍羚顯然還不很清楚自己屬於別的物種，並未意識到在牠身邊的是個捕食者，所以也不害怕，甚至想去吸牠的奶。

　　但小劍羚還在發育階段，頭幾個月需要含脂量高的濃醇羊奶，獅子提供不了這樣的東西。因此劍羚慢慢步向挨餓的命運。獅子不願意離開羚羊太久，沒辦法獵東西吃，所以也愈來愈餓，一天比一天沒有活力。莎巴觀察這一對的同時，也請教了世界各地的獅子專家，想知道他們會怎麼解釋這樣的行為。但所有專家都大惑不解；這樣的案例在野外從來沒發生過。雖然年輕獅子有時會和捕到的獵物「玩」一陣子，然後才把牠吃掉，但這隻母獅的行為並不像遊戲。「卡蒙亞克和小劍羚在一起，是

**山布魯
國家保留區**
（SAMBURU NATIONAL RESERVE）
這座野生動物保留區內有肯亞的埃瓦
索奈若河（EWASO NYIRO RIVER）流過，
擁有豐富的稀有物種，如格列威斑馬、
索馬利鴕鳥、網紋長頸鹿、長頸羚
和東非劍羚（就是本故事中
母獅收養的劍羚）

個活生生的矛盾體……牠們親密的關係違反了自然法則。」莎巴說。而且雙方很可能因此喪命。

當地人想要幫這對動物，設法餵牠們吃東西，希望能保住這令人讚嘆的一對。他們想拿肉給母獅吃，但失敗了；牠對人給的肉視而不見，回頭繼續睡覺。至此牠們的關係很快就要結束了。有一個大熱天，卡蒙亞克虛弱地在草叢裡休息時，劍羚走到了牠的視線之外，被一隻公獅捉住拖走了。卡蒙亞克一躍而起，跟了上去，但完全救不了牠。她嗅著草叢中「牠的寶貝」的鮮血，趴了下來，看著公獅一口一口將牠吞噬。

隔天，母獅彷彿突然脫離了奇異幻境，終於又開始打獵，捉到一隻疣豬吃了個飽，恢復了力氣。但牠並沒有回歸正常的獅子生活。觀察牠的人說接下來幾個月，卡蒙亞克又五度收養了劍羚寶寶，每次時間都很短，而且最後都是牠自己消失無蹤，更添牠的神祕性。

這不尋常的情節究竟為何會發生？莎巴推測，是因為母獅在發育的關鍵時刻與獅群失散。「大概是心靈受到的創傷，強化了牠這種怪癖。」不論卡蒙亞克的行為是因為受了什麼刺激，這頭大貓對行為科學家來說永遠是個難解的謎，對其他人而言，則是一個美好的奇聞。

獼猴和鴿子

在中國南部海岸外，廣東省的珠江出海口有一座獼猴稱王的小島，數百隻恆河獼猴（又稱恆河猴），以及穿山甲和蟒蛇，生活在島上的「內伶仃島——福田國家級自然保護區」，受到了法律的保護；這是個 800多公頃的野生動物避難所，擁有一片茂密的紅樹林。其中一隻猴子出人意料地交到一個長了羽毛的朋友。

羅航是島上動物保護站的站長，根據他的說法，2007年9月的某一天，有一隻白鴿飛到保護站附近的地面上，就逗留在那裏。牠似乎失去了伴侶。白鴿一般是和平與長壽的象徵，所以

恆河猴
（RHESUS MACAQUE）
界：動物界（ANIMALIA）
門：脊椎動物門（CHORDATA）
綱：哺乳綱（MAMMALIA）
目：靈長目（PRIMATES）
科：獼猴科（CERCOPITHECINAE）
屬：獼猴屬（MACACA）
種：恆河獼猴（MACACA MULATTA）

羅站長和站上員工都很歡迎牠到島上來。他們收留了這隻看來應該是三歲大的鴿子，把牠養在保護站的一個鐵籠子裡，餵牠吃玉米粒。牠腳上有個金屬環，羅航猜測牠可能是用於某一項鳥類遷徙研究的鴿子，應該是在春秋交替之際被放出來的。

　　這座島有名的地方不只是它的自然保護區；目前所知第一艘來到中國的歐洲船艦就是公元1513年在這裡靠岸的。保護區的工作人員在島上巡邏時，發現一隻孤苦無依、而且非常虛弱的獼猴寶寶。牠不到三個月大，還沒辦法在森林裡獨自生存，非常容易受到蟒蛇和其他捕食動物的傷害。工作人員將這隻大眼睛又愛黏人的小動物帶回保護站，牠很外就見到了那位已經住在這裡的鳥類嬌客，並且一拍即合。

白環頸鴿
（WHITE RINGNECK DOVE）
界：動物界（ANIMALIA）
門：脊椎動物門（CHORDATA）
綱：鳥綱（AVES）
目：鴿形目（COLUMBIFORMES）
科：鳩鴿科（COLUMBIDAE）
屬：斑鳩屬（STREPTOPELIA）
種：環鴿（STREPTOPELIA RISORIA）

整整兩個月，獼猴和鴿子生活在同一個空間，成了員工和遊客的開心果。牠們吃玉米當點心，猴子把玉米拿在小手上翻來覆去地啃，鴿子則跟在牠後面吃牠掉下來的碎屑；猴子吱吱喳喳地叫，鴿子就咕咕啼。夜裡牠們一同睡在籠子裡，一個當枕頭，一個當被子。羅航說：「猴子有時候很調皮，好像在捉弄鴿子。」但牠也會表現牠的愛，「要是鴿子有一雙手，也能抱抱牠就好了。」那是很溫馨的一幕，許多遊客從各地遠道而來，就為了看這對奇特的伴侶生活在一起、彼此照顧的樣子。

　　但工作人員知道，這兩隻動物到野外去生活會比較好，已經做了準備工作要野放牠們。先野放的是鴿子，鴿子頭也不回地飛走了。然後羅航回到最初找到小猴子的地方，欣慰地發現獼猴的家人又回到了牠們原來的地盤。獼猴寶寶也順利無礙地重返猴群。猴子和鴿子各自回到了牠們的自然環境，不知道未來還有沒有相遇的一天。要是真的相遇了，牠們會不會互相示意呢？

馬來猴和小貓

印尼峇里島上的烏布鎮有一座神聖的森林，森林裡的猴子自由徜徉在好幾世紀前建造的印度教神廟的石頭上。這些猴子是馬來猴，許多當地的村民相信牠們能對抗邪靈，守護宗教聖地。

　　有一隻馬來猴最近將牠的保護本能轉往一項比較世俗的任務上——保護一隻小貓。這隻好鬥的小貓誤入歧途，跑進了牠伸手可及的範圍內。

　　在這個不算大的地方，住了四個猴群，各有各的地盤，總共超過300隻馬來猴，所以牠們偶爾會在神廟的土地遇見其他動物也是稀鬆平常的。不過要像這隻馬來猴和這隻小貓，建立起

馬來猴
(LONG-TAILED MACAQUE)
界：動物界（ANIMALIA）
門：脊椎動物門（CHORDATA）
綱：哺乳綱（MAMMALIA）
目：靈長目（PRIMATES）
科：獼猴科（CERCOPITHECINAE）
屬：獼猴屬（MACACA）
種：馬來猴（MACACA FASCICULARIS）

像牠們這樣的關係，親眼看過的人都覺得一點也不平常。其中之一就是安‧楊；當時她在峇里島度假，前來參觀聖猴森林。

安說：「牠們兩個待在一起幾天了，每次這裡的員工想抓那隻小貓，小貓都會跑回猴子身邊。」

這隻年輕的公馬來猴會幫牠這位貓朋友理毛，抱牠、用口鼻蹭牠，甚至把自己的頭擱在小貓頭上，把牠當枕頭似的。馬來猴雖然是很愛社交的猴子——往往不怕住在與人類有密切接觸的地方——但這隻馬來猴卻想把小貓占為己有。牠對身邊的所有靈長類動物變得很提防，不管是別的馬來猴還是人類，要是太靠近牠，牠就會想把這個禁臠藏起來（有一次還用一片葉子把牠蓋住），不然就是抱著小貓爬到更高處，或是往森林深處跑。

至於小貓，雖然有很多機會逃離馬來猴的掌握，「可是牠卻完全不想這樣做」，安說。牠似乎樂於被那隻更大的動物抱在懷裡跑來跑去。

烏布聖猴森林
(THE UBUD SACRED MONKEY FOREST)
聖猴森林是峇里島上的熱門景點，林中有超過115個樹種，是逾300隻獼猴棲身的家園。

　　馬來猴的社會階層嚴密，雄性必須證明自己的價值以獲得雌性注意，這個猴群也不例外。這隻私藏小貓的公猴在牠的同類之間並非「優勢雄性」、也就是領袖，大概也不太受到其他馬來猴喜愛。而且牠顯然也不討人類喜歡，因為馬來猴已經成了烏布的亂源，牠們會跑到聖猴森林範圍外的稻田或村落，在私人的土地上胡作非為。

　　此外小貓似乎獨自行動了一段時間，可能也一直渴望他人的關注與陪伴。於是很幸運地，就在烏布的神廟遺蹟之中，沒有配偶的猴子與無家可歸的貓得以從彼此身上各取所需。

母馬和小鹿

這匹名叫「邦妮」的摩根夸特馬十個月大的時候來到蒙大拿州的一座農場，和穆斯一家人住在一起。每個人都很喜歡牠，尤其是當時12歲、熱愛動物的丹妮絲，她立刻和邦妮成了朋友，和牠度過了六年快樂、親密的時光。

丹妮絲滿18歲之後，在一個下著雪的早上發生車禍而不幸去世，她的父母哀慟不已；鮑伯·穆斯說，因為邦妮是丹妮絲最好的朋友，也是家裡備受疼愛的一分子，邦妮也就成了他們和女兒在世間的聯繫。

馬兒漸漸長大，原先就溫馴的個性在成熟之後變得更加窩心。「我沒見過像牠這麼討人喜歡的馬。」鮑伯說，「如果牠有辦法走前門的臺階，我們早就讓牠進屋裡來了。」

因此，牠在某個春天表現出來的行為雖然奇特，卻也不是太令人驚訝。

有一對郊狼在穆斯家農場上的一片田野邊做了一個窩，那一年牠們生了一隻小郊狼。這裡有很多地松鼠，郊狼整季的食物都很充足。6月的第一週，鮑伯偶然從廚房窗子往外看，發現有一隻白尾鹿正在穀倉外的空地上分娩。

郊狼也注意到了，馬上明顯可以看出郊狼想方設法要把小鹿趕離母鹿身旁。「母郊狼試圖分散母鹿的注意，引誘母鹿去追牠，小郊狼則從後面包抄。」鮑伯事後寫道，「我跑了出去，要『干涉』這個自然現象。」但他還來不及做什麼，邦妮就插手了。鮑伯詫異地看著母馬跑到郊狼和小鹿之間站定，高高地擋在小鹿前面保護牠。見到邦妮巍然聳立在小鹿上方，郊狼就打消念頭離開了，鮑伯鬆了一口氣。「邦妮根本用不著驅趕牠們。牠們很清楚毫無勝算。」他說。

白尾鹿
(WHITE-TAILED DEER)
界：動物界 (ANIMALIA)
門：脊椎動物門 (CHORDATA)
綱：哺乳綱 (MAMMALIA)
目：偶蹄目 (ARTIODACTYLA)
科：鹿科 (CERVIDAE)
屬：美洲鹿屬 (ODOCOILEUS)
種：白尾鹿 (ODOCOILEUS VIRGINIANUS)

危機解除後，邦妮溫柔地嘶鳴一聲，低下頭舔舐新生的小鹿，彷彿那是牠自己剛生下的小馬一樣；牠還把鹿寶寶頂起來讓牠站著。鮑伯說：「小鹿居然還想吸邦妮的奶，但因為母馬太高牠構不著，還有點沮喪的樣子。」

　　這場邂逅持續了大約20分鐘，之前母鹿因為剛生產完體力不濟，一直粗重地呼吸著，在幾公尺外看著這一幕。這時牠已經逐漸恢復，能夠站起來了，牠向小鹿噴氣示意，然後朝柵欄走去，不時回頭確認寶寶有沒有跟上來。母鹿躍過柵欄，小鹿則從柵欄底下鑽出去，兩個就這麼離開了。「邦妮靠在柵欄頂上目送牠們，放聲嘶鳴。」鮑伯說。

　　鮑伯對母馬照顧、憐憫小動物的行為非常感動，不過因為這匹馬實在是太貼心了，不但帶家人那麼多喜悅，更是他們與失去的女兒之間的連繫，牠會這麼做倒也並不令他意外。

摩根夸特馬
（MORGAN QUARTER HORSE）

界：動物界（ANIMALIA）
門：脊椎動物門（CHORDATA）
綱：哺乳綱（MAMMALIA）
目：奇蹄目（PERISSODACTYLA）
科：馬科（EQUIDAE）
屬：馬屬（EQUUS）
種：家馬（EQUUS FERUS CABALLUS）

猴子和水豚

牠們原本一個在上，一個在下：在高處的是靈活的松鼠猴，會在樹與樹之間跳來跳去；在地上的是南美洲最大的囓齒動物水豚（很像特大號的天竺鼠），喜歡在草叢中行走，或在溪水裡打滾。世界各地的動物園都發現，這兩種動物可以相處得很好，即使在中途相遇也沒問題。

在南美洲一些最蠻荒的地方，這兩種動物是生活在同一個棲息地的，就是林木茂密、附近有水體的地區。因此牠們在自然環境中相遇，也並不是太不自然的事。但牠們不會為了空間競爭，各有各的生態席位，這一點對動物園獸欄內的空間布置

松鼠猴
（SQUIRREL MONKEY）

界：動物界（ANIMALIA）
門：脊椎動物門（CHORDATA）
綱：哺乳綱（MAMMALIA）
目：靈長目（PRIMATES）
科：捲尾猴科（CEBIDAE）
屬：松鼠猴屬（SAIMIRI）
種：松鼠猴（SAIMIRI SCIUREUS）

來說很方便。別忘了，一個在上面，一個在下面。不過一旦短兵相接，就會發生奇特的事。

從來沒有哪個曾經在亞馬孫盆地長途跋涉過的人，說他看過猴子騎在水豚背上，或是追著水豚跑、抓牠們的腳，不過在東京附近的東武動物公園裡，就上演了這樣的情節。據說這裡的松鼠猴會拿水豚當牠的腳凳以便搆到樹枝，會在牠們背上打盹，甚至還會「親吻」水豚巨大的頭。

管理組長志茂康弘說：「有時候松鼠猴會扳開水豚的嘴巴，好像在說：『你在吃什麼？』水豚很溫馴，大多數時候都是一副無所謂的樣子。而猴子則是非常好動、頑皮。」只是偶爾「水豚被惹煩了的時候會抖動身子，把背上的猴子甩掉。」

從活動力來看，牠們是完全相反的兩種動物：松鼠猴非常躁動又

水豚
（CAPYBARA）

界：動物界（ANIMALIA）
門：脊椎動物門（CHORDATA）
綱：哺乳綱（MAMMALIA）
目：囓齒目（RODENTIA）
科：水豚科（HYDROCHAERIDAE）
屬：水豚屬（HYDROCHOERUS）
種：水豚（H. HYDROCHAERIS）

敏捷，可以從一根細小的樹枝跳到兩公尺外另一根細小的樹枝上去；水豚則是遲緩沉穩。不過他們共同具備了某些重要特質。兩者都是群居動物，一個群體可能有上百個同類個體。雙方都喜歡水果（松鼠猴還會吃昆蟲），也都很會使用聲音——松鼠猴會對牠們的仔猴或配偶「咯咯叫」，受到威脅時會尖叫；水豚則會發出呼嚕、吠叫、吱吱叫或咕噥的聲音，視情況而定。

雖然有些相似之處，但要讓這兩種動物生活在一起，有時也沒那麼順利。日本另一間將牠們養在一起的動物園幾年前發生了一個事件，松鼠猴驚嚇到水豚，水豚為了防禦，一口咬中松鼠猴的脖子，把牠咬死了。動物園的管理階層認為這只是特例，因為事發前後，園方都不曾見到這兩種動物之間發生過任何攻擊性的行為。基本上大家都處得很好。

而在東武動物公園，松鼠猴和水豚的展區是遊客的最愛。志茂康弘說：「看到溫馴的水豚和皮得要命的松鼠猴的互動，很難讓人不露出笑容。觀眾特別愛看載著猴子跑的『水豚計程車』。」

摩弗侖羊和伊蘭羚羊

除非你對有蹄類動物瞭若指掌，否則你大概會和大多數人一樣，不知道摩弗侖羊是什麼。聽起來好像是什麼髮型之類的。伊蘭羚羊呢？有人知道嗎？

原來摩弗侖羊是野生的有角綿羊之中體型最小的，主要藏身在伊拉克和伊朗等地的陡峭山林之中。很久以前，這種綿羊被引進到地中海的各個島嶼以及歐洲大陸，後來也引進了美國的牧場供人打獵。

至於伊蘭羚羊的足跡則是遍及非洲各大平原。這種羚羊喜歡集體行動，多的時候一群可能有好幾百隻，不過牠們在野外似乎不會建立緊密的關係，常常會從某一群跑到另外一群去。

然而超過15年前，在弗羅里達州棕櫚灘郡的「獅子國野生動物園」，當一隻公的摩弗侖羊遇上一隻母的伊蘭羚羊之後，卻無可避免地發展出緊密的關係。動物園的野生動物主任泰瑞・沃

爾弗說，一段男孩遇見女孩的愛情故事就這樣開始了，而且目前仍是進行式，「當然前提是，如果你相信動物除了性欲之外還有愛情的話！」

摩弗侖羊現在是一頭老公羊，但牠年輕的時候可是個大情聖，有許多同類的配偶。不過和一群伊蘭羚羊生活在一起，寂寞的公羊還能做什麼？

「牠熱情地跟著這頭母伊蘭羚羊！」泰瑞說，「母羚羊停下來吃草時，牠會輕輕地用前腳扒牠的後腿，好像在慫恿牠蹲下來配合牠的高度，畢竟牠比母羚羊矮了一大截。」可是母羚羊躺下來的時候，公綿羊又表現得很紳士，只靜靜地躺在牠身邊。

就只有這隻伊蘭羚羊引起公綿羊的注意；牠從來沒有騷擾過其他的母羚羊。「大家都覺得這段戀情很可愛。」泰瑞說，「不過顯然沒有未來。」摩弗侖羊的預期壽命是20年，牠早已超過這個歲數，沒辦法像以前一樣跟上牠女朋友的腳步，因此牠的求愛更不可能有效了。

至於母伊蘭羚羊則有時候很冷淡——常常就站在那兒，背對著牠的追求者，自顧自地反芻——不過似乎很享受被愛慕的感覺。「我想對方願意容忍牠，這頭摩弗侖羊已經很開心了。」泰瑞說，「不過對我們來說，最重要的是母羚羊讓牠保持活動，所以牠才會活到現在。」

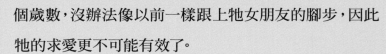

伊蘭羚羊
（ELAND）
界：動物界（ANIMALIA）
門：脊椎動物門（CHORDATA）
綱：哺乳綱（MAMMALIA）
目：偶蹄目（ARTIODACTYLA）
科：牛科（BOVIDAE）
屬：大羚羊屬（TAUROTRAGUS）
種：大羚羊（TAUROTRAGUS ORYX）

摩弗侖羊
（MOUFLON）
界：動物界（ANIMALIA）
門：脊椎動物門（CHORDATA）
綱：哺乳綱（MAMMALIA）
目：偶蹄目（ARTIODACTYLA）
科：牛科（BOVIDAE）
屬：羊屬（OVIS）
種：家羊（OVIS ARIES）

近視的鹿和貴賓狗

為大家介紹一位愛喝咖啡、愛窩在床上的愛狗人士：「家鹿」迪莉，牠是獸醫梅蘭妮·布泰拉在俄亥俄州郊區飼養的動物群中的一個特大號成員。

這隻在農場出生的白尾鹿來到俄亥俄州福爾頓運河市的「榆樹嶺動物醫院」時，年紀還很小且生了重病，無法進食，四肢骨瘦如柴，自己站不起來，此外還有先天缺陷，兩眼近乎全盲。梅蘭妮最後決定把牠帶回家照顧，而她家裡已經擠得不得了，有她和她的丈夫、兩個孩子、貴賓狗「小姐」、貓咪「呆瓜」和「納菲」、鳥兒「大嗓門」，外面還有一整個院子的動物。

除了大嗓門之外——因為牠和迪莉的初次見面不太愉快，小鹿咬住牠的尾羽把牠拋開——家中每個成員都漸漸愛上了迪莉。兩隻貓喜歡窩在牠身邊享受牠的體溫，開心地讓牠幫牠

們從頭舔到尾。跟迪莉最要好的是小姐。梅蘭妮說：「小姐在最初的幾個星期給了迪莉很大的安慰，牠讓這頭害怕的小鹿跟牠一起躺在沙發上或床上，還舔牠的身子。現在迪莉會舔貴賓狗的背或是頭，有時會輕輕咬牠的耳朵。」咬耳朵的時候，「小姐可能會咆哮一下，假裝反咬牠一口。」牠這個反應並不傷感情。小姐會跟牠鬧著玩，喜歡偷走牠的動物玩偶，得意地帶著它跑來跑去，最後丟在小鹿會經過的地方，讓牠無意間發現。

狗和鹿還會聯手起來惡作劇。迪莉雖然視力很差，但會聽從小姐的要求，把整包零食從高處的架子上咬下來，然後兩個一起大快朵頤。小姐會設法偷迪莉的東西吃；迪莉喜歡的口味世故得令人驚訝，包括義大利麵、冰淇淋、加了大量牛奶的咖啡，還有她的私房珍饈：玫瑰花（她會像咬糖果一樣卡茲卡茲地吃個精光）。當然牠也和一般的鹿一樣，會開心地把布泰拉家院子裡的每一棵植物都毀掉，小姐則在一旁晃蕩。

有一段時間，迪莉和小姐晚上都想和主人

睡。梅蘭妮說：「我是夜貓子，等到我要上床的時候，大家都已經占好了位置，有時候我根本找不到地方睡。」她的背還常常被鹿蹄踢到。幸好兩隻動物自己解決了這個問題，因為小姐也覺得擠，自動睡到房裡的另一張床上去，迪莉則接收了屋裡的一間客房。現在就算別的床都是空的，小姐還是常常會跑到「迪莉的房間」跟牠一起小睡。

有趣的是，迪莉會怕別的狗，連小狗都怕。梅蘭妮說，如果除了小姐以外的狗靠牠太近，「牠就會開始抖尾巴、跺腳。」但牠對小姐從來不會這樣。「迪莉是和小姐一起長大的，牠覺得牠是家人。」

紅毛猩猩和小貓

前面介紹過的著名大猩猩可可真是占盡了媒體版面，不過從貓咪身上得到慰藉的大型猿類不是只有可可而已，還有在弗羅里達州巴拿馬市的「動物園世界」住了11年的猩猩東姐呢。牠的個性不是以親切出名的，除了偶爾牽牽手、偷偷摸摸地摟一下之外，牠連和配偶都不會表現得太親暱。但當牠的配偶去世，東姐開始明白自己失去了什麼之後，牠的胃口和對生命的熱情也慢慢低落下去。動物園世界的員工為牠準備了很多活動，從玩玩具到畫油畫，希望牠日子過得更豐富，但牠完全提不起興趣，變得非常消沉。管理員找不到單身的公猩猩來當這位老小姐的配偶，於是決定替牠找個不同類的朋友。

他們慢慢地、用安全的方式，將一隻土黃色的貓帶進猩猩的

猩猩
(ORANGUTAN)

界：動物界（ANIMALIA）
門：脊椎動物門（CHORDATA）
綱：哺乳綱（MAMMALIA）
目：靈長目（PRIMATES）
科：人科（HOMINIDAE）
屬：猩猩屬（PONGO）
種：猩猩（P. BORNEO）

生活；這隻貓後來被稱為T.K.，意思是東姐的小貓（Tonda's Kitty）。「剛開始我們只讓牠們看得到對方，但不直接接觸，先觀察牠們的反應。」動物園世界的教育主任史黛芬妮‧威勒德說。接下來只允許牠們短暫接觸，以免東姐太興奮。漸漸地，「我們把貓帶走的時候，牠愈來愈生氣。」威勒德說，「那是牠的貓了！」於是最後，「我們拋下顧忌放手一試，把牠們真的放在一起。牠們一有時間建立關係，就再也分不開了。」

T. K.成了東姐的一切。牠們倆沒有肢體接觸的時候，東姐也隨時都看著牠。午睡時間，牠會幫牠蓋毯子；玩耍時，牠會搖揮動玉米殼給牠追。到了晚上，牠會一把抱起牠，帶牠一起上床。而T. K.則喜歡磨蹭猩猩的腿，舔舐或輕咬牠的手、腳，陶醉在牠無盡的關愛之中，「欣然愛著這隻猩猩。」

「別忘了，牠可不是一隻乖巧好對付的猩猩。」威勒

德說。有的猩猩是極度危險的，而且東妲的野性也還很強。但牠對待人類和其他動物時的乖戾性情，並未妨礙牠和T．K.結為好友。「牠們是百分之百真的契合，牠們有自己成功的相處之道。動物在情感上的能力並沒有得到我們足夠的肯定。」威勒德說。最重要的是，「這段關係的意義重大，對東妲的心理和生理都很有幫助。等於是救了牠一命。」

猩猩寶寶和小老虎

在豢養環境中出生的動物寶寶變成好朋友，曾經是印尼奇沙如瓦的「塔曼野生動物園」（Taman Safari Zoo）的焦點話題。動物園育嬰室的一個房間，來了一對剛滿月的蘇門達臘虎雙胞胎，和一對只有幾個月大的小猩猩。猩猩和老虎的父母有的不適任、有的對孩子沒興趣，所以動物園員工決定把這批小動物當成同一胎來養。

兩隻猩猩叫做「妮亞」和「爾瑪」，雙胞胎老虎則是「戴瑪」和「曼尼斯」，牠們白天被帶過來放在一起的時候，這裡馬

上變得像托兒所的兒童遊戲室一樣。動物組組長薩拉米‧普拉斯提提說：「就和一般動物寶寶一樣，牠們會一起奔跑玩耍。有時候小猩猩會撲過去抱住小老虎的肚子。有時候小老虎會咬小猩猩的耳朵。牠們像小孩一樣，喜歡互相逗弄來逗弄去。」到了午睡時間，原本嬉鬧不休的東西就變成一團團鼾聲此起彼落的小毛球。小猩猩和小老虎依偎在一起，耳鬢廝磨，盡情地滿足於肢體的接觸。

蘇門答臘虎
（SUMATRAN TIGER）
界：動物界（ANIMALIA）
門：脊椎動物門（CHORDATA）
綱：哺乳綱（MAMMALIA）
目：食肉目（CARNIVORA）
科：貓科（FELIDAE）
屬：豹屬（PANTHERA）
種：蘇門答臘虎（PANTHERA TIGRIS SUMATRAE）

　　隨著牠們漸漸長大，工作人員開始把牠們待在各自展區的時間延長，打算等到小老虎五個月大，就將牠們完全分開。薩拉米說：「到了那個時候，老虎的體型會遠大於猩猩，而且可能變得很好動，有時還會撒野，動作很粗暴。」

　　薩拉米說，小傢伙第一次被分開的時候，「牠們並不想獨立——兩個都顯得悵然若失，還發出怪聲，好像在哭泣，只是沒有流眼淚。」不過一、兩個星期後，「牠們就習慣了自己過日子，適應了新的處境。」從前的好友後來完全沒了聯絡，為了牠們的安全，這樣的分離是妥適而必要的。猩猩只吃水果，而老虎的天性當然就是獵殺和吃肉。托兒所的時光結束了。

　　雖然牠們有共同的童年，而且看來對各方面都有好處，不過牠們也有不值得高興的共通點——兩種動物在野外都瀕臨絕種了。目前只有印尼的一座島還有野生的蘇門答臘虎，數量可能只剩500隻。而猩猩的族群也在縮減中。這兩種大型動物都和人類競爭棲息地，這是個難解的保育問題。

貓頭鷹和獵鷸犬

在康瓦耳郡利斯卡德的「猛禽保育中心」，有一隻名叫蘇菲的母獵鷸犬對貓頭鷹情有獨鍾。幸好牠只愛舔，不會咬牠們。貓頭鷹對牠也一樣溫柔。

英國獵鷸犬是天生的獵手，專長是驚動鳥類使牠們從藏身處飛出來，以及撿回獵到的鳥。不過這隻獵鷸犬的狩獵本能，似乎被另一種比較和藹可親的本能取代了。

莎朗·賓登是保育中心的負責人，她通常不會把鳥帶回家。事實上在這隻名叫「懸鉤子」的貓頭鷹來到這裡之前，蘇菲還不曾近距離接觸過鳥類。小貓頭鷹出現時才兩週大，還沒長出羽毛，因為年紀太小也不能放進鳥園。莎朗只好為牠破了例，把這

大角鴞
(GREAT HORNED OWL)
界：動物界（ANIMALIA）
門：脊椎動物門（CHORDATA）
綱：鳥綱（AVES）
目：鴞形目（STRIGIFORMES）
科：鴟鴞科（STRIGIDAE）
屬：雕鴞屬（BUBO）
種：大角鴞（B. VIRGINIANUS）

光溜溜的小東西帶進屋裡。

「進家門的第一天，當時三歲的蘇菲就跳上沙發，查看我大腿上這個新來的東西。」莎朗說，「結果牠舔起了懸鉤子的喙，這是牠表示好感的方式。從那天開始，舔牠的喙就成了蘇菲每天的例行公事。」

莎朗為懸鉤子在起居室準備了一個舒適的箱子。但只要蘇菲在附近，貓頭鷹就會拍著翅膀跳來跳去，就是要人家把牠放出來，跟狗兒一起好好地理理毛、依偎一陣子。「要是蘇菲不在起居室，懸鉤子就會去找她。」莎朗說，「牠們又吻又舔的行為是互相的——懸鉤子會『啄』蘇菲，以回應牠的吻。」

到了傍晚，鳥和狗會在地毯上親熱，有時候就睡著了。「懸鉤子一定要等到我們全部都去睡覺了，才願意回牠的箱子。」

後來懸鉤子比較大了、沒那麼脆弱之後，就被帶進了鳥園，這樣牠才有機會飛一飛。不過莎朗說，貓頭鷹會定時俯衝下來，和蘇菲相處一下；牠們永遠有高昂的興致用牠們獨特的方式互相理毛。

獵鷸犬
（SPANIEL）
英國獵鷸犬（ENGLISH SPRINGER SPANIEL）又稱史賓格犬或激飛獵犬，最早是當作獵犬飼養，擅於驚起獵物。個性溫和友善，是完美的寵物。

小貓頭鷹和靈猠

這是什麼奇怪的情形？乍看之下很正常，不過就是一隻狗躺在沙發上罷了。不過再仔細看看——怎麼狗的腳掌間停了一隻貓頭鷹。還有，兩個都在看電視呢。

這一對是靈猠「扭力」和牠的小朋友「史瑞克」；史瑞克是一隻母的長耳鴞，牠在英國罕布夏郡新福里斯特的「靈伍德猛禽中心」孵化後不久，就被小狗納入了庇蔭之下。

這隻貓頭鷹剛孵出來時，扭力很興奮，一直想要嗅這個新生兒。扭力的主人、也是首席馴鷹師約翰‧皮克頓說：「我才把史瑞克這隻小貓頭鷹從孵卵箱裡拿出來，牠的大鼻子就湊到我手裡了，接著就是一條大舌頭跟牠打招呼。還滿好笑的。」

有些鳥類，親鳥可能殺死其中一隻雛鳥，提高另一隻雛鳥的存活機會。為了防止史瑞克死於這樣的殺嬰行為，牠孵化後並未被送回母親身邊，而是由約翰帶回家照顧。小貓頭鷹能夠站得比較穩之後，約翰就讓扭力和小貓頭鷹進一步認識。一開始，約翰先讓史瑞克和扭力在同一個房間進食，餵牠吃沼澤鼠與鵪鶉，吃飽之後，再把牠捧給讓扭力看一看、嗅聞一番。扭力會舔舔史瑞克，史瑞克也會在狗的鼻頭上輕輕地啄一下。最後，「牠們兩個就跳著穿過房子，相處得很開心。」牠們會玩一個滑稽的遊戲，史瑞克站著不動，等扭力經過的時候突然撲過去。兩個會在沙發上依偎著，好像很入迷地看著《東倫敦人》、《加冕街》等牠們最愛的電視影集。還會像感情很好的兄妹一樣一起在外面玩，扭力會高高地站在這長了羽毛的孩子旁邊守護著，或在牠蹣跚地走過草地時在後面跟著。

史瑞克因為和扭力到處走，腿練得愈來愈強壯，接著牠很快就了解到自己還有另外一對肢體可以用。牠一發現自己有翅膀，馬上就開始探索另外一個世界，那是扭力無法跟著一起去的世界。

貓頭鷹後來被安置到猛禽中心的一座鳥園裡，和別的鳥兒一起生活；扭力也繼續過牠在地面上的日子，只是過得比以前寂寞了一點。不過每次扭力小跑步經過鳥園，「鳥園裡就會傳來一陣非常悅耳的咕咕聲，那是史瑞克在對扭力叫。」約翰說。看來即使隔得遠遠的，牠們兩個依然是好朋友。

蝴蝶犬和松鼠

小松鼠芬尼根從樹上12公尺高處的松鼠窩掉到地上，卻保住了一命。雖然沒死，但這麼小一隻松鼠孤身落在巢外，原本是凶多吉少的，直到被一名婦人在樹下發現牠不停地尖聲叫著，前途才光明了起來。她把這隻雄松鼠帶去給一位非常愛護動物的朋友，讓她好好照顧一下。

這位朋友叫黛比・坎特隆，一直持續在照顧需要幫助的野生動物——如受傷的浣熊、棄養的小貓等各種落難的動物。她收留了這一團髒兮兮的小動物，替牠取了名字，讓牠暖和起來，用奶瓶餵牠，然後把牠放進她的狗已經不再使用的狗屋裡，鋪了個床讓牠睡覺，用一條電毯蓋著牠。

這陣子，黛比的蝴蝶犬「吉賽兒小姐」已經大腹便便，快要生小狗了。或許就是因為即將當媽媽，牠對主人帶回家的這隻蠕動個不停的陌生小動物竟然很感興趣。黛比回憶道：「我出去辦了點事，回來的時候，發現狗屋空了。」原來小姐（黛比對吉賽兒小姐的暱稱）拖著那隻襁褓中的松鼠經過餐廳、穿越走廊、進到臥室，把牠擺在自己的床邊。「牠就這樣守護著松鼠，好像那是牠的孩子一樣。」

小姐生產之後，黛比以為牠對松鼠的癡迷會就此減輕。結果，牠想陪在松鼠身邊的母性本能更強了。牠才剛生完自己的小狗一天，就去找小松鼠。黛比認輸了，她把芬尼根放到小姐的床上，和小狗放在一起，「小姐就開始舔，一直舔牠那小小的頭。牠興高采烈的，好像覺得牠的孩子全在一起了、終於圓滿了。我想，母親永遠是母親。就算孩子不是自己親生的，養育的本能還是存在。」

小狗漸漸長得比芬尼根強壯之後，黛比開始常常把小松鼠放出去，讓牠學習野外的

生活，希望牠有朝一日重回自然。小姐會張望著，等待松鼠回到窩裡來。黃昏時分，芬尼根會回到屋外，抓抓門，然後鑽進狗群、和狗兒躺在一起打滾。黛比說：「好像在告訴牠們牠白天遇到了那些事情一樣。」

　　芬尼根最後還是完全成了野松鼠。牠不再回來的時候，「我很難過，也為小姐難過。」黛比說，「不過我們的任務完成了。」

攝影師和豹斑海豹

據說愛上一隻動物，能喚醒人類的靈魂。加拿大攝影師保羅·尼克林（Paul Nicklen）和一隻野生動物的短暫相遇，不但喚醒了他的靈魂，還讓他的靈魂舞動了起來。保羅為《國家地理》雜誌進行拍攝任務時，穿著全副潛水裝備，進入了豹斑海豹冰冷湛藍的世界：在南極洲的冰層底下，記錄這種體態雄偉、有時非常兇猛的海洋哺乳動物。他的目標很簡單：盡量多拍一些照片，同時不要被這些具有領域性、重達500公斤的野獸攻擊；隨便一隻豹斑海豹都能輕易要了他的命。

南極探險者留下的歷史文獻提到，這種龐大的海豹會威脅人類，有時會沿著浮冰跟蹤他們，甚至想捉住他們。2003年，

豹斑海豹
(LEOPARD SEAL)

界：動物界 (ANIMALIA)
門：脊椎動物門 (CHORDATA)
綱：哺乳綱 (MAMMALIA)
目：食肉目 (CARNIVORA)
科：海豹科 (PHOCIDAE)
屬：豹斑海豹屬 (HYDRURGA)
種：豹斑海豹 (H. LEPTONYX)

有一隻可能是餓了很久的豹斑海豹攻擊一位女科學家，把她淹死了。

由於豹斑海豹惡名在外，保羅的經驗就顯得更令人震驚：一隻身長3.6公尺的母豹斑海豹不但對保羅產生了好感，還想要餵他吃東西。

雙方初相遇時，牠張開大口，向保羅亮出滿口尖牙，這是一種不會傷害到他的威嚇展示，只是為了讓他明白自己的地位。海豹確立了優勢之後，對保羅的態度似乎突然變好了。牠在保羅附近的水中徘徊，在離他一臂之遙的地方游來游去，好像在鏡頭前擺姿勢似的。而最驚人的舉動是牠獵殺了一隻企鵝（企鵝本來就是海豹的獵物），然後一再地要把它交給保羅，像是在餵牠自己的子女一樣。保羅回憶道：「牠好像擔心我不健康，覺得我這個捕食者顯然動作太慢，沒辦法養活自己。」保羅不理會牠帶來的食物（攝影師一定要注意不要和野生動物有太多不必要的互動），「結果牠又帶了活的企鵝來給我，想把牠們放在我的相機罩上，企鵝逃跑時又去替我追回來，一大堆氣泡就往我臉上噴，好像我被動的態度惹惱了牠似的。」最後，牠在保羅面前把企鵝吃了，「讓我看看該怎樣做才對。」

牠流線型的美令保羅讚歎；由致命的力量轉換而成的溫柔令他屏息。他說：「我的心跳得厲害，每次牠靠近我，我就開始興奮。我從來沒經歷過這麼不可思議的互動。」

　　那幾天，這隻在體型和力量上都令他顯得渺小的野獸，成了攝影師最佳的同伴。拍攝工作結束時，「我覺得好難離開牠。」他說，「這是個神奇又獨特的經驗，我一輩子也忘不了。」

比特犬、暹羅貓和小雞

小雞喜歡比特犬「沙奇」。這些小毛球坐在沙奇背上，啄著牠的口鼻，把牠當成池子裡的浮臺。奇怪的是牠們也喜歡那隻叫麥克斯的暹羅－雪鞋混種貓，麥克斯會用鼻子把牠們推成一排。至於麥克斯和沙奇嘛，自從貓咪賞了那隻狗一兩個巴掌、讓牠碰了一鼻子灰之後，兩個到現在也已經處得非常好。海倫·朱洛是移居美國德州的愛沙尼亞人，對她而言，這是個集結了各種性格的瘋狂馬戲團——她就愛這樣。

海倫在農場長大，從小養豬養牛、撿拾母雞剛生下來溫熱的蛋。因此跟著美籍丈夫移居美國之後不久，她就開始帶動物回家，一開始是一隻大肚豬。她說：「牠讓我有家的感覺。」這個動物園漸漸擴大，動物間的關係也產生了美妙的轉變。

雞
（CHICKEN）
界：動物界（ANIMALIA）
門：脊椎動物門（CHORDATA）
綱：鳥綱（AVES）
目：雞形目（GALLIFORMES）
科：雉科（PHASIANIDAE）
屬：雞屬（GALLUS）
種：雞（GALLUS GALLUS）

沙奇不到一歲就突然當了爸爸，和小狗在一起，牠就像個興奮的大哥哥一樣。「牠總是興沖沖地想要見到牠們，連狗媽媽都沒牠這麼心急。」海倫說，「我問牠，『你的寶寶呢？』牠眼睛就會閃閃發亮，一溜煙地跑去找牠們。當全部的寶寶都圍繞在牠身邊的時候，牠簡直樂得快升天了。」這些寶寶後來包括了暹羅貓麥克斯，和海倫每年春天都會孵出來的一窩小雞。「牠看到小雞，眼睛就會變得很大，想跟牠們玩。」她說。長毛皮的和長羽毛的，對牠來說沒有分別。「我覺得牠只是想保護所有無助的小東西。不管是天竺鼠、兔子、小雞、小豬，牠都不會丟下牠們。每一個都會得到牠的吻。」

海倫現在會為她的動物拍照、錄影，和全世界分享牠們奇特的友誼。其中一些最受喜愛的影片大概可以下這樣的標題：〈狗身上排成一列的雞〉、〈小雞從坐著的狗背上滑下來〉、〈窩在一起的狗、貓和雞〉、〈雞騎著貓〉、〈貓磨蹭雞〉、〈狗和貓在打盹〉、〈狗和雞在水池裡玩〉、〈坐在自動吸塵器上的貓對狗呼巴掌取樂〉。海倫家無疑是他們街坊鄰居之中（說不定是全

比特犬
（PIT BULL）
比特犬往往給人兇狠的印象，不過研究顯示，牠們的攻擊性並不比其他狗種強——牠們的行為其實取決於養育的方式。

世界）唯一以寵物之間的滑稽行徑為傲的家庭。

　　這些動物似乎不介意被狗仔記者跟蹤；牠們不理會觀眾，只管做自己的事。不過牠們之間最清楚的關係，就是狗和貓日漸濃厚的情誼。海倫說：「牠們讓我笑到沒力。有時候沙奇和麥克斯會用一模一樣的姿勢趴著，一腳直直地伸出去，另一腳往裡面彎，好像在模仿對方一樣。」其他時候呢，她說，牠們會背靠背躺在水池邊，兩個好朋友就那樣望著天空。

大肚豬仔和
羅德西亞脊背犬

這是一種生性強悍的狗，能獵山豬、大山貓和熊，不過給牠一隻皺巴巴的小豬，牠又會變成一隻溫柔、母性十足的狗。

2009年的一個寒夜，住在德國赫斯特爾的羅蘭·亞當在他八公頃的土地上發現一對剛出生不久、只有巴掌大的小豬。其中一隻已經曝露在外過久而死，另一隻還稍有血色，不停蠕動著，但渾身冰冷，已經奄奄一息。幾年前，一對到了繁殖年齡的越南大肚豬（比一般家豬矮壯、結實的品種）來到羅蘭的土地上住了下來；這已經不是他第一次在無意間發現這樣的禮物了。不過這一次，他很確定要是他不插手，這隻倖存的豬寶寶一定不是餓死就是凍死，不然天亮之前也會被狐狸抓走。他用身

上的毛衣將小豬蓋住，把牠帶回他和羅德西亞脊背犬「卡欽嘉」同住的家。

他為這隻小母豬取名為「寶琳琴」；卡欽嘉剛生產完不久，小狗最近才斷奶，因此羅蘭決定把小豬交給牠。這個辦法效果很好，卡欽嘉把小豬當成軟綿綿的小狗一樣照顧，讓牠保持得乾淨又溫暖。小豬顯然很自在，甚至想要吸卡欽嘉的奶，只不過狗已經沒有奶水了。（所以由羅蘭和家人負責餵食。）

幾天後，狗和小豬已經與母女無異，這時羅蘭發現了寶琳琴的生母和同一胎的其他小豬，每一隻都很健康。他向卡欽嘉道了謝，然後讓走失的小豬回到豬的家庭；牠們迫不及待地接納了牠。

雖然小豬和卡欽嘉的關係很短暫，但那段時間對這個新生兒來說是非常關鍵的。寶琳琴回到了豬的生活，卻顯得和牠的手足不太一樣——牠稍微溫馴了一點，跟其他動物相處的時候也比較自在。「牠認得我們，也認得卡欽嘉。」羅蘭說，「看到豬跑到附近來的時候，我們一叫牠們，寶琳琴就會抬起頭來看。」豬群過來覓食的時候，有時牠會和卡欽嘉匆匆碰一下鼻子。

羅德西亞脊背犬
（RHODESIAN RIDGEBACK）
羅德西亞脊背犬整條背脊上的毛都是逆生的，因而得名。最初在南非培育為獵獅犬，非常勇敢，耐力十足。

大肚豬
（POTBELLIED PIG）
大肚豬智商很高，是很好的寵物。經過訓練能在家中養成衛生習慣，也可以讓主人用繫繩牽出去散步。不過牠們無時無刻都想找東西吃，所以會有破壞性的「拱土」行為，就是用豬鼻子到處挖掘、探索。

羅蘭將卡欽嘉討人喜愛的個性歸因於良好的訓練（脊背犬需要大量的社交活動），以及他們居住的這個地方的特殊氣氛。「這個地區很平靜，大部分都是林地。」他說，「有獵人的時候，我們的農場就像個避風港，動物都會聚集到這裡來。」

兔子和天竺鼠

長得可愛不見得有用：就算是復活節兔子偶爾也會被人拋棄。不過住在密蘇里州的雪若‧羅德斯和她的女兒羅倫，有時會把節日過後被棄養的粉紅鼻小動物帶回家。這些被救回來的兔子真是賺到了——有自己的房間可以自由徜徉、有主人無微不至的關愛，還有跟牠們一樣通常匍匐在地面上的動物作伴。

除了兩隻兔子，羅德斯家還有一對天竺鼠，一隻叫「提米」，一隻叫「湯米」。湯米死了以後，主人決定試試看把提米介紹給兔子們認識。兔子住在一個3.3×4公尺的房間裡，裡面有食物，有便盆，以及其他簡單的設備，供牠們並不複雜的生活使用。牠們三個都喜歡脆脆的蔬菜，也都懂得在便盆裡上廁所，一起生活似乎很完美。

房間裡還有一隻爬來爬去的烏龜，不過牠比較獨來獨往就是了。

「兩隻兔子的關係一直不是很親密。」雪若說，「不過提米願意跟牠們作伴的時候，我們都好高興。牠對那隻被棄養的復活節兔子『寶貝』特別好。牠們真的是感情愈來愈好，常常碰鼻子、互相磨來磨去。」她說，寶貝精神好、到處跳的時候，提米也會搖搖擺擺地跟在牠後面，一邊吱吱叫。「不過大多數時候牠們都懶得動，就只是一起躺在那兒。」

雪若或是羅倫把提米抱出房間撫摸、梳毛的時候，寶貝就會跳來跳去想找牠，一直把鼻子探向天竺鼠可能躲藏的地方。

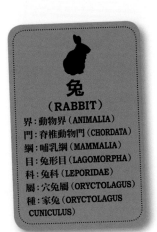

天竺鼠
（GUINEA PIG）
界：動物界（ANIMALIA）
門：脊椎動物門（CHORDATA）
綱：哺乳綱（MAMMALIA）
目：嚙齒目（RODENTIA）
科：豚鼠科（CAVIIDAE）
屬：豚鼠屬（CAVIA）
種：家豚鼠（C. PORCELLUS）

兔
（RABBIT）
界：動物界（ANIMALIA）
門：脊椎動物門（CHORDATA）
綱：哺乳綱（MAMMALIA）
目：兔形目（LAGOMORPHA）
科：兔科（LEPORIDAE）
屬：穴兔屬（ORYCTOLAGUS）
種：家兔（ORYCTOLAGUS
CUNICULUS）

另外，房間裡有一個專供兩隻兔子使用的厚紙板盒子，離地板一小段距離，好讓牠們不想和提米在一起的時候可以躲進去。可是沒多久，其中一個就在紙盒底咬出了一個洞。「不知道什麼時候提米也在裡面。我想如果寶貝不要牠進來，大可以趕牠走。不過牠似乎不介意。」

鼠和貓

老鼠！這些齷齪噁心、滿身病菌的東西，拖著光溜溜、人見人厭的尾巴在垃圾滿地的小巷子裡到處跑。老鼠就是這副德性，對吧？

先不管這樣的印象。老鼠這種小型哺乳動物其實是很聰明的，會背上無所事事、整天偷偷摸摸的臭名並不公平。沒錯，那些在都市下水道裡探頭探腦的褐色大肥鼠的確很不討喜。不過就想成牠們只是在討生活吧。弄乾淨的話，牠們的同類也會是很棒的寵物。而且就像老鼠以外的動物，牠們也怕癢；研究顯示牠們還會複雜曲折地夢見不久前發生的事，和人類一樣。若以俄亥俄州的瑪姬・茲博特養的母白老鼠「花生」來看，老鼠還可能被牠們的致命天敵——貓——迷得無法自拔。

鼠
（RAT）

界：動物界（ANIMALIA）
門：脊椎動物門（CHORDATA）
綱：哺乳綱（MAMMALIA）
目：囓齒目（RODENTIA）
科：鼠科（MURIDAE）
屬：鼠屬（RATTUS）
種：褐鼠（RATTUS NORVEGICUS）

公貓「蘭吉」是瑪姬收養的流浪貓，所以她以為家裡要是有老鼠，狩獵的本能會讓牠養成好鬥的個性。結果根本不是這麼回事！蘭吉對瑪姬救回來的無數老鼠除了表現出好奇之外，也還是好奇而已。牠對瑪姬一起帶回來花生和摩卡都是這樣。她說：「我剛帶牠們回家時，先把牠們放在一個圍起來的地方，但蘭吉馬上就跳進去開始嗅牠們。牠很平靜——一點攻擊性也沒有。」

牠們見面之後，瑪姬說：「花生對蘭吉產生好感，成了牠的跟屁蟲。蘭吉也喜歡牠，不過有時候被跟煩了，會跳上高的地方想要躲一躲。而花生就跟著爬上去！」

這陣子花生特別喜歡和蘭吉窩在一起，蘭吉坐著的時候，花生會整個鑽進牠的腿底下去。有貓在，老鼠似乎就安心了，牠會閉著眼睛，在毛茸茸的貓旁邊找個位子暖呼呼地窩好。瑪姬說，蘭吉有時候會幫花生舔澡，或在牠靠過來的時候用頭磨蹭她。花生則會舔蘭吉的臉，或是爬上牠伸得長長的身軀。摩卡雖然對貓沒這麼友善，會追著牠的腳咬，但吃飯時間牠還是會跟花生和蘭吉一起用餐。這場景還滿古怪的——兩隻老鼠痛快地吃著貓碗裡的乾糧，貓則低著頭伸長了脖子，不時在牠們之間吃上一口，「好像天塌下來也不干牠們的事。」

小貓熊和混種狗

這些小貓熊寶寶不只是超可愛而已，而且還珍貴至極。野外的小貓熊在獵捕與棲地消失的威脅下，已經瀕臨絕種，是受到法律保護的動物。因此中國動物園這兩隻小貓熊寶寶的成功故事格外感人。

小貓熊又稱紅貓熊，和那種黑白色大型的同名動物只是遠親。牠們的親緣比較接近浣熊，和狗的關係沒那麼近，不過這兩隻小貓熊卻認狗為母，彷彿牠是最近的血親。

小貓熊的母親不久前由中國北方的陝西省陝西動物園遷移至太原動物園。牠肚子圓嘟嘟的，當時其實已經懷孕，管理員卻不知情，來到新環境之後牠就早產了。小貓熊媽媽處於充

滿壓力的環境下，拒絕照顧孩子，人類只好手忙腳亂地想辦法不讓小貓熊寶寶餓死。

小貓熊寶寶出生後的頭幾天，負責照料的李金榜（音譯）當起了代理媽媽。他在注射針筒裡裝入配方奶粉泡的奶，不分晝夜每兩小時餵牠們一次，就像任何一個盡責的好母親一樣。同時動物園向地方媒體求助，希望找到更適合的動物來代替母職。工作人員希望找到最近生產過的小型犬，乳汁豐富，而且個性要溫馴，以免嚇到新生兒。（狗的乳汁和小貓熊的乳汁很接近，小貓熊寶寶幾乎能得到需要的所有營養，不用額外補充養分。）園方有一位供應商住在附近的一座農場，他聽到媒體的呼籲，把他那隻活潑的小型混種狗帶來相救；牠剛生了三隻小狗，奶水還很多。一起來的還有牠的一隻小狗，希望讓過渡時期更平順，讓狗媽媽專心於牠的任務。

小貓熊很快就學會從狗身上吸奶，而狗媽媽也很自然地接下這個新工作，有時甚至在牠自己的孩子喝奶之前，就先餵小貓熊。不過這個新媽媽不只提供食物給小貓熊寶寶而已，還將牠們視如己出，把牠們從頭舔到尾，讓牠們的身體機能正常運作。

一般的小貓熊母親一胎最多生出四隻寶寶，剛出生的小貓熊還看不見，頭幾天媽媽有90%的時間都和孩子依偎著，熟悉牠們的氣味。就在這幾隻小貓熊最需要媽媽的時候，這位養母也差不多是這麼照顧牠們的。小

貓熊的眼睛還緊閉著，叫聲輕到幾乎聽不見，對於狗媽媽的關愛，牠們的回應就是津津有味地吸牠的奶，健康強壯地成長。

最後小貓熊斷奶了，此後很長一陣子，牠們的養母仍在「貓熊館」外面逗留，想回到裡面去。即使小貓熊不再需要母狗照顧了，母狗保護兒女的本能依然強烈，動物園員工看了都很感動。

有一段時間，狗媽媽跟牠所有的孩子一起住在動物園裡，讓參觀的遊客有機會目睹這個令人讚歎的跨物種群體。小貓熊會爬之後，李金榜就帶牠們全家散步，每天讓牠們運動幾個小時。李金榜說：「這些小寶寶，不管是小貓熊還是狗，都愛爬愛嬉鬧，像調皮的小男生一樣。」

犀牛、疣豬和鬣狗

一頭犀牛、一隻疣豬和一隻鬣狗走進臥室⋯⋯這是哪個爛笑話的開頭嗎？並不是。這是發生在辛巴威伊邁爾動物保留區的真實場景。這三種動物在這個保留區，和一家子的人類當過一段時間的室友和玩伴。

本來是只有犀牛「塔藤達」的。茱德・崔弗斯與家人執行「黑犀牛保育計畫」多年，替國家公園成功繁殖了黑犀牛。黑犀牛是極度瀕危的動物，野外僅剩4000頭左右，因此每一頭都非常寶貴。然而犀牛角卻是珍貴的傳統中藥材，還有人拿來當裝飾品。在一個可怕的夜裡，覬覦犀牛角的盜獵者潛入伊邁爾的園區，殺了整群犀牛，但伊邁爾的犀牛其實都已經鋸掉了角，

疣豬
（WARTHOG）

界：動物界（ANIMALIA）
門：脊椎動物門（CHORDATA）
綱：哺乳綱（MAMMALIA）
目：偶蹄目（ARTIODACTYLA）
科：豬科（SUIDAE）
屬：疣豬屬（PHACOCHOERUS）
種：疣豬（P. AFRICANUS）

就是為了避免這種攻擊。崔弗斯家的人到達現場時，發現三個月前在牧場出生的小塔藤達蜷縮在乾草堆底下；牠是唯一的倖存者。塔藤達身上沾滿父母的血，被這場慘劇嚇呆了。失去了犀牛群對茱德和她的家人打擊很大，但他們得立刻放下悲憤，致力讓塔藤達振作起來。

這時疣豬「波哥」登場了。茱德回憶道，犀牛大屠殺前不久，「有一隻長得像針包似的疣豬加入了這個家。牠只有我的手那麼大，只聞了一下就知道小犀牛是牠未來的朋友和同伴。」疣豬到來的時間點恰恰好，因為這時的塔藤達要從感情的創傷中恢復，除了茱德‧崔弗斯的關心之外，也要靠波哥的愛。

最後是鬣狗「流氓」。牠是事發十個月後，崔弗斯家救回來的另一個孤兒。「牠一開始很壞，一對小眼睛冷冰冰的，習慣半夜出來活動，平常喜歡躲在牠的洞裡（是一只蓋了毯子的籃子）。」茱德說。「牠們花了幾個月才建立友誼，鬣狗學會信任的過程非常緩慢。」

這三隻動物受到茱德溫柔的照顧，成長茁壯，不久就將彼此視為手足。每個星期六早上，大夥兒會跑

黑犀牛
（BLACK RHINOCEROS）

界：動物界（ANIMALIA）
門：脊椎動物門（CHORDATA）
綱：哺乳綱（MAMMALIA）
目：奇蹄目（PERISSODACTYLA）
科：犀牛科（RHINOCEROTIDAE）
屬：黑犀牛屬（DICEROS）
種：黑犀牛（D. BICORNIS）

到崔弗斯家的臥室裡——疣豬窩在毯子下，犀牛的下巴枕在茱德腿上，要她搔癢，而鬣狗則鑽進床底下。早餐之前，這奇異的三兄弟會和照顧牠們的人類一起打混。輪到（人類）用餐的時間，牠們常晃到桌旁討牛奶、一點吃的和一番疼愛。顛覆傳統的這一窩動物會在花園裡互相追逐、打鬧（煽動大家的常常是流氓，他會咬波哥的屁股）、吃掉花朵，一起在桑樹下打盹。之後牠們三個會一起去灌木叢中散步，有時會由茱德或崔弗斯家的其他人領頭，家貓殿後。

　　崔弗斯家最後終於開始準備，要將塔藤達和波哥一起野放到13公里外，伊邁爾動物保護區中更蠻荒的地區。牠們倆都得在自己族類之間，過更自然的生活。（流氓要交配還嫌早，因此暫時繼續和崔弗斯家待在一起。）茱德感覺就像送走她愛的人，尤其小犀牛在她心裡占了很大的位置，但她知道這樣對動

物比較好。「人類的行為造成動物孤兒，而需要這樣的照顧，實在是悲劇。」茱德說。「能親手照顧牠們，然後放牠們回自己的自然環境中，讓牠們依真正的本性而活，才是我們的終極目標。」

將犀牛和疣豬遷到保護區土地的過程，非常成功。一開始，牠們一同閒晃，最後疣豬「變野了」，交配之後產下了自己的三隻小疣豬。塔藤達最後終於將注意力轉向那4500公頃土地上其他的犀牛，而且受到所有女孩子（當然是犀牛女孩）的愛慕。茱德說，流氓的朋友都回到野外，只留下牠一個，而牠有一天跑進灌木叢裡，就再也沒回來了。

洛威拿犬和小狼

小 狼的誕生完全是意料之外。緬因州沙漠山「基思瑪保護中心」的員工，原以為那對年輕的成狼還不能繁殖，因此沒注意懷孕的跡象。結果小狼就這麼出生了——而狼媽媽還不夠成熟，不了解當母親的職責是什麼。保護中心的主任海瑟·葛利爾森說：「牠雖然對小狼沒有攻擊性，卻也沒有母性本能，完全不知道該拿小狼怎麼辦。」保護中心的員工習慣把工作帶回家。而這次，這隻小動物還只是一團緊閉著眼睛、無助的肉球，於是海瑟決定在自己家裡養育牠。

海瑟帶著這隻小母狼回到家時，來迎接的是洛威拿犬「烏拉克」。「牠一開始就興致勃勃。」海瑟說，「我起先誤會了，以

狼
（WOLF）

界：動物界（ANIMALIA）
門：脊椎動物門（CHORDATA）
綱：哺乳綱（MAMMALIA）
目：食肉目（CARNIVORA）
科：犬科（CANIDAE）
屬：犬屬（CANIS）
種：狼（C. LUPUS）

為牠可能太粗暴。而且牠體型大，年輕又笨拙，可能誤傷了小狼。結果完全不是這樣，反而很有母愛。」小狼嗚咽時，「烏拉克就想把牠從頭舔到尾，這通常是狼媽媽的工作。烏拉克就這麼接手了。如果牠有辦法泌乳，一定會餵牠吃奶。」

狼對洛威拿的主動非常領情，很樂於得到關注。烏拉克一定要小狼在身邊舔得到才安心，海瑟發現之後，就讓牠們共用一張床好窩在一起。動作還很笨拙的小狼想跟大狗玩，甚至舔著烏拉克的嘴、咬牠的舌頭，想讓牠像野外的狼一樣把食物反芻出來給牠吃。「牠太興奮的時候，烏拉克會用腳掌壓制牠，不過牠對小狼真有耐性！」

小狼在進食的時候，也有像狼一樣的表現。由牠們對食物的反應來看，狼和食物無缺的家犬這兩種動物的差異很大。不過兩者的差異不是對食物的偏好，而是牠們保護食物的決心。有自尊心的狼，如果遇上別的動物搶食物，會齜牙咧嘴、眼神激動，跨開步子站著。小狼正是這樣，而烏拉克尊重牠的空間。「2公斤的小狼對54公斤的狗咆哮，結果狗就乖乖退開，讓牠

進食。」海瑟說，「一般人以為飼養抓到的狼就像在養寵物狗，其實不然。牠們天性完全不同。」

　　狼和狗在性情和行為上的差異，是海瑟希望儘早讓小狼接觸牠自己族類的理由之一。恰當的時機一到，海瑟便讓小狼和保護中心裡獨自生活的一隻老母狼莫提莎認識。幸好牠們一拍即合。海瑟說：「小狼為老狼注入了新的活力；老狼有小狼在身邊，變得更活潑了。老狼不久就開始為小狼反芻食物，教導牠身為一匹狼

洛威拿犬
（ROTTWEILER）
源自德國，是非常古老的畜牧犬，可上溯到羅馬帝國時代。當時洛威拿犬的工作是替羅馬軍團牧牛。

該有的舉止和行為。」保護中心的員工確信小狼知道自己的身分，因此很有信心，等到莫提莎無法照顧牠這位年輕同伴之後，小狼一定能順利融入保護中心裡的狼群。

至於烏拉克，因為洛威拿犬有牧牛和護衛的本能，目前為保護中心的幾種動物擔起了親職，對象包括小老虎、小長臂猿甚至豹紋陸龜。「烏拉克真的是在這世界上傳遞和平、愛與幸福的洛威拿犬。」海瑟說，「這是牠命中註定的使命。」

愛海的狗和海豚

在以色列的伊拉特南端，紅海的水一波波捲上擠滿遊客的沙灘，一隻狗充滿信心地躍入水中。

牠名叫「小丑」，2000年春天一個溫暖的日子，這隻狗突然就出現在海豚礁；海豚礁是個海邊景點，以讓遊客接觸海豚這種熱門海洋哺乳類為號召。牠是鎮上一戶人家養的狗，不過牠在可以眺望紅海的木棧道上，似乎比較自在。

海豚礁的老闆起先不太喜歡這位狗客人。他們擔心牠會追逐住在那裡的貓、雞和孔雀。但小丑老是跑過來，不管牠晚上睡在哪兒，白天一定會出現在這裡，而且從來沒對其他動物動過粗。事實上，牠感興趣的動物似乎只有一種，就是海豚。

海豚礁有八隻海豚，全是同一隻公海豚、號稱海豚情聖的「辛蒂」的孩子。（對，「辛蒂」是公的。）他們會不時放海豚出海，讓牠們自由選擇要待在海豚礁，還是進入大海。所以雖然這些海豚的確和人類有所接觸並接受餵食，但牠們的行為還保持得相當自然——包括表演的時候。

小丑被這些特技演員吸引了好幾天。牠坐在碼頭上，觀察海豚聚集過來、尖叫打水，如砲彈一般穿過波浪。有一天，在餵食時間，小丑毅然離開乾燥的觀眾席，跳下水去。

海豚似乎很歡迎這隻狗進入牠們的世界，於是跳了第一次水之後，下水就成了小丑的例行公事。有一段時間，海豚礁的員工得在餵食的時候把小丑拴住，免得牠打擾海豚進食。狗兒不久便明白，除了用餐時間，這裡隨時都歡迎牠下水。牠學會解讀這種水中哺乳動物的信號，「只有當海豚引誘牠或邀請牠的時候，牠才會跳下水。」一位海豚訓練員塔爾·費雪說

小丑成了這裡的小明星。每個人見到牠又從鎮上跑來串門子，都會把牠抱起來——雖然身上有一股鹹鹹的狗臭味——放在牠最喜歡的位置。牠總是會直接往水面上的木碼頭跑去，牠那些愛玩的朋友都是在那兒迎接牠。

瓶鼻海豚
（BOTTLENOSE DOLPHIN）
界：動物界（ANIMALIA）
門：脊椎動物門（CHORDATA）
綱：哺乳綱（MAMMALIA）
目：鯨目（CETACEA）
科：海豚科（DELPHINIDAE）
屬：寬鼻海豚屬（TURSIOPS）
種：瓶鼻海豚（T. TRUNCATUS）

　　最後，狗主人明白小丑在海豚礁的時候最快樂，於是乾脆讓牠和海豚礁的老闆住在一起，方便牠去找牠的水中玩伴。直到今天，牠已經很多次就在碼頭上過夜，以備一大早底下的海豚聚集過來的時候，第一時間就能對牠們汪汪叫。然後牠會跳進水裡，和牠們玩得不亦樂乎。「牠們的反應是繞著牠游，用尾巴拍打水面。」塔爾說，「甚至會和牠說話。」狗吠聲和海豚尖細的叫聲要怎麼互相溝通還是一個謎。不過這兩種對彼此感到好奇的動物，似乎在玩耍中發現了共通的語言。

導盲貓和盲眼混種狗

導盲犬引導盲人在黑暗世界中行走，這種人狗之間神奇的合夥關係，很難不令人驚歎。這些狗所受的特殊訓練，是要作為盲人的眼睛，正是這種親密的感覺造就出許多不平凡的友誼。

可是你聽說過導盲貓嗎？至少有一個例子，就是虎斑貓「莉比」。牠幫助視障者的能力不但是自學而來，幫助的對象還不是人類——而是一隻狗。

莉比原本是流浪貓，住在賓州東北部的伯恩斯夫婦泰瑞和黛博拉在1994年收養了牠。伯恩斯家人帶牠回家的時候，牠還不比一顆棒球大。這隻小小貓在這個新環境適應得很好，也

跟家中原有的混種母拉布拉多狗「腰果」相處得很融洽。兩隻動物雖然養在一起，大半輩子都沒有太多互動。

但腰果12歲時，視力愈來愈差。隨著狗的視力衰退，貓咪莉比突然開始保護起這個和牠共同生活了大半輩子的室友。牠會在腰果睡的狗屋門外打地舖，像個盡忠職守的看護，老狗小姐就在牠後面打盹。腰果要經過屋裡或院子時，莉比會待在盲眼狗的下巴底下，幫牠領路。牠們會一塊兒往飼料碗走去，或是到露臺上找個可以一起曬太陽的地方。無論腰果去哪裡，莉比都會引導牠。泰瑞說，牠們似乎溝通無礙。「莉比好像會說：『喂，小心那邊有長椅。』或是：『你的水盤在這裡！』」後來莉比也開始會出現在泰瑞帶著腰果散步的路上，有時候是遠遠地看著，有時候就默默地走在他們旁邊——「讓狗知道牠就在附近，會照顧牠。」他說，「時間過得愈久，牠們就愈親近。」

腰果將近15歲過世的時候，莉比似乎想不通牠到哪兒去了，會到牠以前出沒的地方找牠。牠對家中其他的狗都不曾這如此深情。看來，牠和那頭又瞎又老的混種狗相伴的感覺，是不管跟誰都取代不了的了。

雪橇犬和北極熊

在冰天雪地的極北之境，加拿大一座名叫邱吉爾的鎮上，有一位攝影師目睹了不同物種之間的驚人互動。

邱吉爾鎮最有名的就是北極熊。這裡的北極熊族群特別大膽，和人類幾乎是比鄰而居。熊會從牠們冰天雪地的攝食場進入城鎮，在垃圾堆裡翻找現成的東西吃，荒野和文明的界線往往分不清楚。由於狗雪橇是這裡常見的交通工具，北極熊在鎮上覓食的時候難免會碰到狗。

曾經有離群獨行的北極熊殺死過雪橇犬。因此攝影師諾爾伯特·洛辛（Norbert Rosing）在11月的某一天，發現一頭

北極熊
（POLAR BEAR）
界：動物界（ANIMALIA）
門：脊椎動物門（CHORDATA）
綱：哺乳綱（MAMMALIA）
目：食肉目（CARNIVORA）
科：熊科（URSIDAE）
屬：熊屬（URSUS）
種：北極熊（U. MARITIMUS）

龐大的公北極熊往栓了數十隻愛斯基摩犬的圍欄接近時，他很擔心狗的安危。他回憶道：「熊靠近的時候，大多數的狗都扯直了鍊子、放聲狂吠起來。」只有一隻狗依然冷靜，站在離其他的狗有一段距離的地方。諾爾伯特眼睜睜看著北極熊往那隻鎮定的狗兒走去，然後，叫人跌破眼鏡的事發生了——熊躺了下來，翻過身，伸出巨掌，彷彿在叫那隻狗跟牠玩，而且保證不會傷到牠。

狗起先很謹慎，但兩個玩起來之後，牠就比較有信心了。一開始雙方動作都很輕——熊拉著狗的腿，輕咬牠的臀部，而狗也用同樣的動作回敬牠。熊試著咬用力點，狗叫痛了，「北極熊立刻放開牠，從頭開始玩，這次比較小心。」洛辛說。「到最後，牠們打架的樣子已經像老朋友一樣了，熊仰躺在地上，狗在牠肚子上跳。打得難分難解的時候，熊會用兩隻手掌抓著狗的頭。場面真是不可思議。」

雪橇犬
（SLED DOG）
西伯利亞哈士奇和阿拉斯加雪橇犬是最知名的純種雪橇犬，耐力和速度特別出色。

兩隻動物打鬧了差不多20分鐘，熊才離開。後來幾天牠天天回來，兩個又接著繼續玩。此後，邱吉爾鎮就開始出現類似的熊狗互動，有時候是幾頭北極熊和幾隻狗一起玩。有人還見過北極熊保護狗群，把比較不友善的北極熊趕跑。

　　對各方都很不幸的是，這種與北極熊的互動——儘管本來就很罕見——可能就要變成過去式，只能在類似的故事和照片中追憶了。由於氣候變遷，北極海冰正以快得令人憂心的速度融化。許多科學家已提出警告，主要生活在北極圈內的北極熊數量實在減少得太嚴重，很可能不久的將來就會絕種。北極熊需要廣闊的雪地和大塊浮冰，作為獵捕海豹的基地。當冰雪減少，這種肉食動物就要受苦了——而且無疑將更有可能帶著笨重的步伐，闖入像邱吉爾這樣的城鎮，到時候牠們找雪橇狗就不是為了交朋友，而是要拿牠們果腹了。

錦蛇和倉鼠

各位親愛的蛇主人，還有喜歡小老鼠的朋友，以下的例子請勿在家中嘗試。在日本東京的「彈塗魚王國動物園」有一條1.2公尺的錦蛇，牠似乎樂於將肌肉發達的身子盤繞起來，給侏儒倉鼠當搖籃，而不是把牠纏死吞下肚。這可說是最奇特的跨物種關係了。

一位管理員接受電視攝影師訪問時表示，他剛抓到這條蛇的時候，牠差不多有兩星期完全不吃東西，拿青蛙或其他小動物給牠，牠都沒興趣。最後，管理員把一隻倉鼠放進缸裡，覺得活蹦亂跳的溫暖哺乳類說不定才能刺激牠的食慾。

牠們的互動一開始再正常不過了。被開玩笑地叫作「飯飯」的倉鼠在蛇缸裡走來走去，把蛇從頭嗅到尾。錦蛇「小青」感覺到這個小動物的體熱，吐著舌頭「嚐」倉鼠身邊的空氣，蛇在進食前都會這樣做。不過管理員看到的是，這條蛇非但沒有攻擊倉鼠、把牠吞掉，這兩種不共戴天的動物似乎開始互相有了好感。不久，飯飯爬到小青身上，在牠盤繞起來的軀幹之間動來動去，好像在做窩一樣。接著牠就在蛇的懷中安穩地躺好，小青甚至還調整姿勢配合這個小東西。管理員在訪問中說：「我感覺到牠們之間的關係和食物無關，而是友誼。」之後這一對動物還是一直在一起，沒發生過任何事。

　　蛇的攻擊迅速，強大的力量足以勒死溫血動物，卻可能為一隻緊張的老鼠提供慰藉，想起來多麼美好。當然還有其他可能的解釋。錦蛇在寒冬中會冬眠，代謝下降以保存能量，而這個倉鼠與蛇的例子發生在秋天。所以小青很可能只是不餓，捕食的動機低落而已。如果牠們是

倉鼠
（HAMSTER）
界：動物界（ANIMALIA）
門：脊椎動物門（CHORDATA）
綱：哺乳綱（MAMMALIA）
目：囓齒目（RODENTIA）
科：倉鼠科（CRICETIDAE）
屬：金倉鼠屬（MESOCRICETUS）
種：高加索金倉鼠
（MESOCRICETUS RADDEI）

錦蛇
（RAT SNAKE）
界：動物界（ANIMALIA）
門：脊椎動物門（CHORDATA）
綱：爬蟲綱（REPTILIA）
目：有鱗目（SQUAMATA）
科：黃頷蛇科（COLUBRIDAE）
屬：蝠蝠蛇屬（ELAPHE）
種：日本錦蛇
（E. CLIMACOPHORA）

在夏天相遇，結果的確可能大不相同。

　　不管這兩隻動物是因為何種理由能夠和平相處，這種行為都是很有趣的，也吸引了很多遊客到這個動物園來，見識蛇鼠之間的驚人擁抱。

象龜和河馬

這段故事很快就成為最出名的跨物種友誼實例之一。大家都知道爬蟲類可不是什麼毛茸茸又溫暖的動物；其實河馬也一樣。

故事是這樣的。2004年的致命海嘯侵襲馬林迪村附近的肯亞海岸時，巨浪把一切都捲走了，只留下原本在薩巴奇河活動的河馬群中的一隻河馬。村民費了九牛二虎之力，好不容易才捉住這隻200多公斤的河馬寶寶，把牠送到蒙巴沙的哈勒野生動物保護區（Haller Park Wildlife Sanctuary）。

河馬脾氣暴躁，攻擊性強，甚至對同類也一樣。因此小河馬「歐文」（以救牠的其中一個人為名）只好和一些性情溫和

象龜
(GIANT TORTOISE)

界：動物界（ANIMALIA）
門：脊椎動物門（CHORDATA）
綱：蜥形綱（SAUROPSIDA）
目：龜鱉目（TESTUDINES）
科：陸龜科（TESTUDINIDAE）
屬：亞達伯拉象龜屬
（ALDABRACHELYS）
種：亞達伯拉象龜（A. GIGANTEA）

的小動物安置在同一個獸欄裡，其中有長尾猴、條紋羚，和一隻名叫「麻吉」的130歲亞達伯拉象龜。

　　奇妙的事就這樣開始了。歐文立刻靠近麻吉，在麻吉身後趴下來，像躲在一塊大石頭後面一樣。麻吉似乎覺得有點煩，走了開去，但河馬還是堅持要靠近牠。隔天早上，這兩隻動物終於勉強以笨拙的姿勢依偎著。野生的河馬會聚在一起，不過河馬媽媽和長大後的孩子不會維持特別的社交關係。象龜也是群居性、但同類間沒有任何依附關係的動物。這隻小河馬大概是渴望母愛，在這隻頑固的老烏龜身上發現了某種令牠安心的特質——真是匪夷所思的一對。

　　河馬寶寶通常會在母親身邊待四年，學習如何當一隻河馬。而這個例子，是歐文開始學習怎麼當一隻陸龜了。哈勒保護區的園長寶拉‧卡呼卜說，牠開始模仿麻吉的攝食行為，學牠吃同樣的草。牠不理會在保護區裡吼

河馬
（HIPPO）
河馬打呵欠不是因為愛睏，
而是在展現力量，露出巨大
的牙齒威嚇捕食者。

叫的其他河馬，而且白天比較活躍；這是陸龜的習性，和河馬恰恰相反。這兩隻動物同進同出，一起在池塘裡翻滾，併肩而睡，厚實的身軀靠著斑駁的龜殼。歐文很保護牠這位爬蟲類同伴，對牠充滿了愛心，麻吉把頭靠在歐文的肚子上的時候，歐文會舔牠的臉。

　　科學家最感興趣的是，這兩隻動物如何發展出牠們自己的肢體語言和聲音語言。牠們會輕咬、輕推對方的腳或尾巴，告訴對方什麼時候、或是該往什麼方向移動。牠們會以充滿低沉共鳴的叫聲互相呼喊，而這兩種動物一般並不會發出這樣的叫聲。動物行為學家芭芭拉・金恩說：「讓我震驚的是，牠們發展出非常複雜的溝通系統。這是兩個物種間不斷變化的舞蹈，牠們對於該如何彼此交流，並沒有預設的模式。而且這種溝通不可能全憑本能，因為牠們會隨時根據對方而調整自己的行為。」

白犀牛和公羊

犀牛與獅子自然保護區位於南非高原區，以這裡最有魅力的兩種野獸為名。保護區的所有人是股票經紀人艾德·赫恩，那兒早先只有舊農場，物種貧乏，只有兩隻白犀牛，目前則有25個物種，共600多隻野生動物。

其中一隻是六個月大的小母犀牛，牠在母親被盜獵者殺害之後，被送到保護區來。發現小犀牛時，牠縮瑟在母親的遺體旁。園方決定人工養育牠，直到牠在其他犀牛間可以自衛的年紀。但半歲大的犀牛每天會喝下幾十公升的犀牛奶，每天要取得那麼大量的奶水，並非易事。幸好有家南非的乳品供應商提供了充分的替代配方奶來餵養牠。這家善心的公司名叫「幸運草」，所以從此以後，這頭犀牛也叫「幸運草」了。

白犀牛
(WHITE RHINO)
界：動物界（ANIMALIA）
門：脊椎動物門（CHORDATA）
綱：哺乳綱（MAMMALIA）
目：奇蹄目（PERISSODACTYLA）
科：犀牛科（RHINOCEROTIDAE）
屬：白犀牛屬（CERATOTHERIUM）
種：白犀牛（C. SIMUM）

保護區所有人的女兒蘿琳達·赫恩說，幸運草渴望持續受到關注。小犀牛出生後的18個月通常與母親形影不離，因此沒什麼好奇怪的。有一段時間，陪牠的是人類照顧者——照顧牠其實是一項全天候的工作。當時這隻小朋友每天要喝下53公升的奶水；用餐時間，牠會不耐煩地像孩子一樣尖叫、跺腳，等牠超大份的飲料。但犀牛會長到270公斤左右，因此犀牛監護人的地位會愈來愈危險。雖然幸運草非常溫和，但牠的身軀沉重，只要一失控，很容易踩扁人類的腳——甚至釀出更大的悲劇。人類試圖掌控紀律，並不能馴服好動的小犀牛。何況最好別讓牠太依賴人類，免得成為盜獵者輕易得手的目標。

然而獨自生活對幸運草不是好事，牠很快就生病了。當地一位獸醫診斷出牠患了胃潰瘍，判斷是壓力和寂寞造成的。幸運草需要新朋友，不過當時牠們沒有別的小犀牛。因此牠們做了一個實驗，將一頭成年的雄性家山羊趕進幸運草的圍欄。

幸運草一如預期，對這位新房客好奇得很，一有機會就嗅嗅牠、推推牠。然而這些行為冒犯了山羊，牠以充滿攻擊意味的姿

態低著頭，作勢要衝向犀牛，與山羊在山羊群中為了建立地位時的動作如出一轍。幸運草怯生生地退到安全距離之外，不過沒幾分鐘，牠又冒險再次接近山羊。幸運草雖然像巨人一樣聳立在山羊上方，但小個子毫不畏懼，證明自己是牠們兩個之中的強者。幸運草很興奮能交到這個朋友（雖然是個喜怒無常、捉摸不定的朋友），似乎很高興地接受對方的條件。

　　一、兩個星期之內，犀牛和「山羊」（這隻公山羊就叫「山羊」，不太有創意，不過非常的名副其實）就難分難捨了。幸運草想玩「我追你跑」的時候，公山羊會耐心順著她，遊戲中總是會傳來小犀牛興奮的尖叫和滿足的哼聲。幸運草小睡時，山羊會靈活地爬上牠的背，把牠當瞭望點，偵察牠們所在的區域；幸運草則會大方地分享牠的食物、玩具和藏身處，對新同伴忠心耿耿。牠無時無刻都跟著山羊，像牠重達500公斤的寵物狗。雖然山羊偶爾會被牠黏得動怒，但蘿琳達說，到了晚上兩個還是依偎在一起睡覺。保護區的員工擔心，犀牛睡著之後會把山羊給壓扁，不過類似的意外還沒發生過。他們確信，因為山羊日以繼夜地待在幸運草身邊，幸運草的健康才完全好轉。牠開始變胖，心情也開朗了。有同伴在身邊，一切都沒問題。

山羊
（GOAT）
界：動物界（ANIMALIA）
門：脊椎動物門（CHORDATA）
綱：哺乳綱（MAMMALIA）
目：偶蹄目（ARTIODACTYLA）
科：牛科（BOVIDAE）
屬：山羊屬（CAPRA）
種：家山羊（C. AEGAGRUS）

斑馬和瞪羚

這是個關於瞪羚意外得到一隻斑馬當牠的保鑣的小故事。

首先，請想像在一片荒野之中，有一隻年輕的瞪羚；這是一種脆弱、容易受傷害的小型有蹄類動物，分布在非洲、阿拉伯和印度，會在空曠的草地、乾草原和山地沙漠中吃草。牠們抵抗攻擊性動物（通常是貓科動物）的最佳防禦武器，就是沒命地跑……跑得比牠旁邊那隻瞪羚快一點點就好。

但休士頓動物園裡的瞪羚，倒是從來不必跑給任何敵人追。

園長達若‧霍夫曼說，這座動物園有一個大型的多物種展區，區內有疣豬、斑馬、大羚羊、東非條紋羚（一種南非羚羊），

斑馬
（ZEBRA）
界：動物界（ANIMALIA）
門：脊椎動物門（CHORDATA）
綱：哺乳綱（MAMMALIA）
目：奇蹄目（PERISSODACTYLA）
科：馬科（EQUIDAE）
屬：馬屬（EQUUS）
種：斑馬（E. ZEBRA）

和孤零零的一隻雄多卡士瞪羚——羚羊中最小的一種。「幾年前，我們把這些動物放在一起的時候，很擔心瞪羚的安危。」他說，「斑馬對年輕或幼小的羚羊通常有攻擊性，而且會殺死羚羊的新生兒。」因此他們特別注意這裡的情況。（野外的瞪羚害怕有攻擊者要來的時候，可能會四條腿同時一彈，「飛蹦」著逃開，像踩著四根彈簧高蹺一樣。）

結果大家驚喜地發現，混雜的獸群中有一隻母斑馬和瞪羚建立了穩固的關係。牠開始整天和瞪羚在一起，在瞪羚休息時幫忙警戒，瞪羚晃閒時也跟著去；牠打算移動到圍欄裡別的位置時，會用鼻子頂一下瞪羚——就像斑馬媽媽對小斑馬那樣。

在更野外一點的環境下，這兩種有蹄類勢必會分道揚鑣。多卡士瞪羚很能適應乾燥的家園，有時甚至沒有大型水源也能靠植物中的水分存活，因此通常只在小區域內遷徙。而斑馬為了覓食、飲水和交配，會在季節交替時進行長途旅行，加入牛

多卡士瞪羚
（DORCAS GAZELLE）
界：動物界（ANIMALIA）
門：脊椎動物門（CHORDATA）
綱：哺乳綱（MAMMALIA）
目：偶蹄目（ARTIODACTYLA）
科：牛科（BOVIDAE）
屬：瞪羚屬（GAZELLA）
種：多卡士瞪羚（G. DORCAS）

羚等遷移性的獸群一同浩浩蕩蕩地大遷徙，尋找水草更豐美的地方。但是在動物園這樣的避風港，遷徙的本能有時會被其他本能取代。斑馬與瞪羚的故事中，便是母性本能勝出。

例如當工作人員將一頭疣豬帶進這個團體時，斑馬就非常保護瞪羚，彷彿知道那一頭大豬可能脾氣很壞。霍夫曼說：「每次疣豬走近，牠就會走到疣豬和瞪羚之間，確保疣豬不會靠得太近。」

特別值得一提的是有一次，瞪羚自己受了傷，斑馬就挺身而出守護著牠。工作人員進去要治療瞪羚時，斑馬發狂似地一直推瞪羚，要牠趕快站起來，別讓人類碰到。霍夫曼回憶道：「斑馬見牠動也不動，就想要擋我們，不讓我們靠近。」最後，瞪羚終究被帶了出來，在動物園的診所裡醫治。霍夫曼說，瞪羚回到展區之後，剛開始牠和斑馬對彼此都有一些試探性的舉動。但過了幾天，兩個就相認了。現在牠們又再度肩併著肩，在生命的旅途上卡噠卡噠地往前跑。

後記

我們很容易在注視愛犬的眼睛時看見愛意，或相信任何動物揚起嘴角都代表高興吧？這是很合乎人性的想法吧？拿海豚來說，牠們有著最著名的永恆微笑。只可惜造成那副表情的是海豚的獵食策略，而不是因為牠們的心情。尤金・林登（Eugene Linden）在《我們的IQ高人一等》（The Parrot's Lament）中寫道，「海豚是從上往下攻擊牠們的獵物；如果是從下往上攻擊，可能天生就是皺眉頭的表情。」

　　話雖如此，這本書仍然可望說服一些懷疑者，讓他們了解同情和共感、喜悅和失望不只是人類專屬的域領。收集這些故事的過程讓我眼界大開，明白動物之間感人而深刻的關愛之情多麼頻繁。我收集跨物種故事的消息傳出去之後，天天都有照片和故事湧來——多到我根本用不完。有人把英國一個特別的

右：一隻拉布拉多和長臂猿寶寶在特
　　懷克羅斯動物園相依而臥。
左頁：另一隻長臂猿抱著牠的同伴。

地方——特懷克羅斯動物園
介紹給我，那兒數十年來飼
養著友愛靈長類的狗；也有
人介紹了混養各種寵物的家庭，各種動
物像人類的兄弟姊妹一樣一起玩耍、吃東西、睡覺。我聽說有
隻狗和豪豬孤兒相依偎，讀到一隻黑猩猩在籠裡找到一隻鳥，
溫柔地放牠自由。我考慮過收錄小雞騎在烏龜身上、猩猩牽狗
散步、老鼠和愛情鳥併肩棲在棲木上的照片。我得對自己喊停，
免得再寫出幾百頁好笑、窩心、感人的小故事。

　　不過還有個我割捨不下的故事。那是我的故事，我想拿
來當作收尾。故事說的是2009年我在澳洲大堡礁見到的古
怪魚類組合。或許不太符合「友誼」的條件，卻依然是物種之
間美妙的互動。

　　珊瑚礁的環境中，當然有無數種的魚擦鰭而過，然而這
兩種魚的組合不但逗笑了我（嘴裡塞個水肺調節器，要笑可
不容易），也讓我思考小魚的腦袋裡在想什麼。那一幕非常能
夠引人產生擬人化的想像。請聽我道來。

作者、石鱸和河魨

在澳洲的大堡礁潛水時，如果隨著陽光的光芒潛入海中，就能看到生命的慶典迸現眼前。

大堡礁是起伏蔓延約2200公里的瑚珊山脈，超過兩千種的魚類、無脊椎動物和其他生物在礁岩邊蠕動、掠過——那是全球最巨大的自然生命體結構。在某一塊熱鬧的岩石上，我目睹了從未見過的海洋夥伴關係。

海洋是個尋找「共生」關係的好地方——共生是指不同種的生物之間，提供食物、保護或移動等等好處的關係。像是小丑魚住在有毒的海葵裡躲避掠食者，或鮣魚附在鯊魚身上，吃住在那裡的寄生蟲。

但我在那裡看到的，不是我之前聽過的共生，而且沒有顯而易見的解釋。那還真是一群詭異的「朋友」。我們的潛水隊正在為《國家地理》雜誌拍攝，成員包括攝影師大衛·都必烈（David Doubilet）和珍妮佛·海斯（Jennifer Hayes），當時已經在那個點探勘了幾天，之前都看過那隻河魨。牠（我猜是公的）總是獨來獨往，懶洋洋地靠在海床上，或緩緩游過淺水處。牠意外地溫馴，居然讓我靠到十來公分內，跟在牠身邊游。擺動不停的小鰭推著牠圓滾滾的身子前進，一側的眼睛迅速地一抽一抽，看著我的方向。

一天下午，我離開礁岩邊的時候，發現了我的河魨朋友——不過這次牠有伴了。牠游進一群完全不同的魚類之間，那是一群東方石鱸，這種彩鮮豔的寬嘴石鱸常常一大群在陽光充足的淺水中游動。這隻上了年紀的河魨在漂亮的魚群中顯得暗淡寒酸，但牠跟著魚群遊蕩，彷彿牠們的一份子，而石鱸似乎完全沒注意牠們之間有個入侵者。魚群像附著在一條浮動的細繩一樣漂在水中，隨著洋流同

步起伏。魚群中的河魨看起來很荒謬，但因為牠就在中央，又煥發著一股奇異的威嚴，像一個臃腫的國王，身旁包圍了一圈穿著黃色衣服的美人。

這個場面並不是偶然發生。這古怪的一群魚後來又出現了，隔天也在。我們到達礁岩的時候，這個跨物種大隊正在歡迎我們，我們離開時又來歡送。那真是個非常令人愉快的景像。

這隻大河魨在石鱸之間有什麼好處，只能憑空猜測。我最「符合生物學」的解釋是：這兩種魚類都喜歡清潔，而只要是石鱸聚集的地方，常常也會出現隆頭魚這種小魚，牠們會吃大魚身上的老皮和寄生蟲；石鱸會張大口歡迎牠們吃嘴裡的殘羹剩菜。或許河魨發現牠必須加入石鱸魚群，才能享有高級清理站的服務。而牠一旦進到中央舞台，得到了石鱸的接納，就賴著不走了。

還有更有趣的解釋，不過所有科學家想必都不以為然——或許老河魨覺得讓自己置身繽紛的色彩和美麗的生物之間，可以提振消沉的心情，讓牠孤獨的自我一路浮上去，前往那個到處都是好朋友的快樂天堂。

參考資料

出版物與影片

"Assignment America," *CBS Evening News*, January 2, 2009.

Badham, M. and N. Evans. *Molly's Zoo.* Simon & Schuster, 2000.

Bekoff, M. *The Emotional Lives of Animals.* New World Library, 2007.

Bolhuis, J. J. "Selfless memes." *Science* 20, Nov. 2009, p. 1063.

California Fire Data: http://bof.fire.ca.gov/incidents/incidents_stats.

De Waal, F. *Good Natured.* Harvard University Press, 1996.

Douglas-Hamilton, D., producer. Heart of a Lioness. *Mutual of Omaha's Wild Kingdom*, 2005.

Feuerstein, N. and J. Terkel. "Interrelationships of dogs (*Canis familiaris*) and cats (*Felis catus L.*) living under the same roof." *Applied Animal Behavior Science* 10 (2007).

Goodall, J. Interview with Doug Chadwick for *National Geographic*, 2009, and personal communication, June 2010.

Hatkoff, I., C. Hatkoff, and P. Kahumbu. *Owen & Mzee: The Language of Friendship.* Scholastic Press, 2007, and personal communication.

Kendrick, K., A. P. da Costa, A. E. Leigh, et al. November 2001. "Sheep Don't Forget a Face." *Nature,* 414:165.

Kerby, J. *The Pink Puppy: A True Story of a Mother's Love.* Wasteland Press, 2008, and personal communication.

King, B. *Being with Animals.* Doubleday, 2010, and personal communication.

Laron, K. and M. Nethery, *Two Bobbies: A True Story of Hurricane Katrina, Friendship, and Survival.* Walker & Co., 2008.

尤金‧林登著，李淑真譯，《我們的IQ高人一等》，皇冠出版， 2001年。

Maxwell, L. "Weasel Your Way into My Heart." The Humane Society of the United States (website), 2010, and personal communication.

Morell, V. and J. Holland. "Animal Minds." *National Geographic,* 213:3, 2008.

Nicklen, P. *Polar Obsession* (National Geographic Society, 2009) and personal communication.

Patterson, F. *Koko's Kitten.* The Gorilla Foundation, 1985.

There's a Rhino in My House (film). Animal Planet, 2009.

Vessels, J. "Koko's Kitten." *National Geographic,* 167:1, 1985.

網路資源

Animal Liberation Front (animalliberationfront.com)
Best Friends Animal Society (bestfriends.org)
Cute Overload (cuteoverload.com)
Interspecies Friends (interspeciesfriends.blogspot.com)
Rat Behavior and Biology (ratbehavior.org)

動物情感與行為相關資料選讀

Balcombe, J. *Second Nature.* Palgrave Macmillan, 2010.
Bekoff, M. *Wild Justice: The Moral Lives of Animals.* University of Chicago Press, 2010.
De Waal, F. *The Age of Empathy.* Harmony Books, 2009.
Goodall, J. and R. Wrangham. *In the Shadow of Man.* Harper Collins, 1971, and Mariner Books, 2010.
Hatkoff, A. *The Inner World of Farm Animals.* Stewart, Tabori & Chang, 2009.
Hauser, M. D. *Wild Minds.* Henry Holt and Co., 2000.
傑佛瑞・麥森、蘇珊・麥卡錫著，莊安祺譯，《哭泣的大象》，時報文化出版，2000年。
Page, G. *Inside the Animal Mind.* Doubleday, 1999.

謝誌

本書的寫作計畫可說是通力合作的成果，而且如果當初那些人沒把故事說出來，也不會有這些故事。分享故事的有動物飼主、動物園管理員、動物救援者、攝影師、生物學家，和其他的動物愛好者，他們目睹有趣的互動，發覺情況非比尋常，而且慷慨地分享。不少好心人耐心地提供資訊與照片，讓這個選集得以成書，書中引用其中許多人的話，而我由衷感謝他們。

我也非常感謝Workman Publishing的同仁，尤其是拉奎爾·哈拉米約，她找我寫這本書，而且親切地讚美我的成果；貝絲·列維協助我潤飾並校對文稿；梅麗莎·盧西爾則不厭其煩地找出來自世界各地的照片。

最後，我要感謝我的家人，和一路上幫助過我的同事。以下列出其中一部分：

- 林恩·沃倫，幫忙編輯了第一份亂七八糟的草稿
- 梅蘭妮·科斯提洛讓我自信、有條理
- 潘妮·伯恩斯坦提供無數的想法和支持
- 瑪麗·帕克和陳宜青（音譯）幫忙翻譯
- 羅莉·霍蘭熱情地提供宣傳和行銷建議
- 我丈夫約翰忍受我執著地大聲朗讀和我的情緒起伏。
- 我的姪子女和外甥是我講這些故事的最好理由。
- 我親愛的母親將她對動物的喜愛傳給了我。